在绝望中寻找希望

李志敏 ◎ 改编

民主与建设出版社
·北京·

© 民主与建设出版社，2021

图书在版编目（CIP）数据

在绝望中寻找希望 / 李志敏改编 . —北京：民主与建设出版社，2015.12（2021.4 重印）

ISBN 978-7-5139-0920-4

Ⅰ.①在… Ⅱ.①李… Ⅲ.①成功心理－通俗读物Ⅳ.① B848.4-49

中国版本图书馆 CIP 数据核字（2015）第 273086 号

在绝望中寻找希望
ZAI JUEWANG ZHONG XUNZHAO XIWANG

改　　编	李志敏
责任编辑	王　颂
封面设计	天下书装
出版发行	民主与建设出版社有限责任公司
电　　话	（010）59417747　59419778
社　　址	北京市海淀区西三环中路 10 号望海楼 E 座 7 层
邮　　编	100142
印　　刷	三河市同力彩印有限公司
版　　次	2015 年 12 月第 1 版
印　　次	2021 年 4 月第 2 次印刷
开　　本	710 毫米 ×944 毫米　1/16
印　　张	13
字　　数	130 千字
书　　号	ISBN 978-7-5139-0920-4
定　　价	45.00 元

注：如有印、装质量问题，请与出版社联系。

前言 PREFACE

　　人的一生犹如四季轮番交替，在顺境、逆境、高峰、低谷之间转换。身处顺境，固然悠然自得，站在高峰处，令人气爽神清；但人生处处是风浪，逆境和低谷常常会陪伴左右，甚至使人绝望。

　　无腿励志大师约翰·库缇斯说："没有什么能击败你，100次摔倒，可以101次站起来；1000次摔倒，可以1001次站起来。摔倒多少次没有关系，关键是你站起来的次数，一定要比摔倒的次数多一次！"所以，当我们的人生中遇到磨难时，千万不要畏惧退缩，要在绝望中寻找希望，要坚信，逆风的方向，更适合飞翔，奇迹永远等在下一个路口。

　　在逆境中，人往往是成长最快的，历史上有伟大成就的人，都曾经历过超乎常人想象的磨难，但在每一次绝望中，他们都能发掘出自身不可预知的潜能，以非凡的毅力冲破精神和思想的枷锁，创造出一个又一个崭新的人生巅峰。

由于人生处在低谷时,不得不承受来自各方面的压力,生活、精神甚至人格尊严巨大压力,这正是锻炼意志的好时机,意志的锻炼需要艰苦的环境。只有经历了实实在在的痛,以后的人生道路才会谨言慎行,正确把握自己。置身于人生的低谷,可以让人学会品味人生,审视人生。

《哈姆雷特》是莎士比亚非常有名的文学著作,剧中主人翁哈姆雷特性格非常忧郁,他原本有一位受人尊敬的父亲,还有非常温柔美丽的母亲,但是完美的一切都被贪婪且残暴的叔父破坏了。面对突如其来的厄运,哈姆雷特几乎不能接受,但同时伟大的思想与人文主义的情怀又时时撞击他的内心,这一切使得他成为"思想上的巨人,行动上的矮子"。哈姆雷特一度想要逃离自己的国家,以此躲避现实。但当哈姆雷特就要跟雷欧提斯进行最关键的最后决斗时,他终于变得勇敢,不再逃避现实,学会坦然接受命运带来的一切。

不管什么样的困境,都会好起来的,同样,再痛苦的生活也都会成为过去,人生不会一直都是阴天,总会有放晴的时候。

逆境也同样,总会有转机。每个人都有自己的理想与目标,为了实现目标,我们经常会在努力奔跑的时候摔倒,摔得鼻青脸肿甚至骨折。这些挫折虽然令人痛苦,却能增加人生的"财富"。没有挫折的磨炼,成功看起来就会显得非常单薄。挫折最终的结果就是成功,那么,你是选择正视它、克服它,还是选择无谓地沉沦下去呢？要知道，不同的态度，就会造就不同的人生。

经历过困境与磨难的人生才是完美的。一位名人曾说过："苦难是一生的镇舱之物，没有那些苦难，人生这条船很容易在人生的远航中沉没。"所以，幸福会化装成困难，藏在我们身边。

学会在绝望中寻找希望，用良好的心态对待它，从头再来。即使是万丈深渊，也有看到曙光的时候，其实超越它并不很难，当你坚定信念，逆境就会不知不觉地远离，世界恢复了风和日丽的宁静。

本书向人们阐释了一个道理：世上没有绝望的处境，只有对处境绝望的人。刀不磨不锋利，人不磨不成器。只有挫折才能更好地锤炼一个人的意志，迫使其作出积极改变，突破自我，并在内心深处蜕变与升华，从而变得更加强大。

走过低谷，才知道逆境原来是祝福。

目　录

前言 …………………………………………………………… 1

第一章　低谷,只是人生的短暂逗号

01　好心态胜过好身体 ………………………………… 2
02　勇于挑战权威 ……………………………………… 5
03　把想法变成现实 …………………………………… 9
04　爱别人就是爱自己 ………………………………… 13
05　每次挫折都是一次成熟 …………………………… 16
06　有舍才有得 ………………………………………… 21
07　微笑能融化冰山 …………………………………… 24
08　绝不能在淤泥中腐烂 ……………………………… 28
09　生气不如争气 ……………………………………… 32
10　迈出第一步 ………………………………………… 36

11　为自己制造快乐……………………………………40

12　与世无争,顺其自然………………………………43

13　不要吝啬真情………………………………………46

第二章　走下去,你还有一双完美的脚

01　更新思想,才能获得新生…………………………52

02　不修改目标,只修改手段…………………………55

03　做足准备,抓住每一个机会………………………58

04　释放热情,才能点亮成就感………………………62

05　果断处事,不推卸责任……………………………66

06　自嘲,是一种保护自己的手段……………………69

07　健康心态助你成功社交……………………………73

08　做好自己,是对非议的最好回答…………………76

09　争吵,也是一门艺术………………………………80

10　保持婚姻的幸福感…………………………………83

11　该放下时就放下……………………………………88

12　撬动人生的两个字…………………………………94

13　不以自我为中心……………………………………98

第三章　绽放,在绝望的土壤上开花

01　爱,是生命永恒的主题……………………………104

02	坚守,属于自己的美丽	107
03	远离自卑	111
04	没有什么"不可能"	114
05	人可以无貌,但不能无才	118
06	不屈从于命运	123
07	风景只在自己心中	126
08	经得起诱惑,才能守得住成功	130
09	磨砺到了,成功也就不远了	133
10	一只眼也能看见天堂	135
11	留住个性	139
12	"孤独"时才有真正的朋友	143
13	转身看世界	146

第四章 发掘潜能,探寻生命中最珍贵的宝藏

01	从"疯狂的忙碌"中解脱,换一种思维生活	152
02	开发自身潜能	155
03	把生活变成诗歌	158
04	清扫心灵的尘埃	162
05	独具匠心,造就传奇的力量	167
06	从一座山峰到另一座山峰	170
07	寻找真实的自己	173

08　黑暗一捅就破 ················· 178
09　告诉自己"我行" ················ 180
10　赶走"拖延"的妖魔 ··············· 183
11　越挫越勇,终将实现逆转 ············· 187
12　不断升级你的目标 ················ 190
13　虚心接受忠告 ·················· 195

第一章

低谷,只是人生的短暂逗号

"人生如大海,无日不风浪。"人生的低谷就像大海上的浪花起伏不定,失意和绝望往往伴随着困境存在。失意时,要看到,一帆风顺只是美好的愿景,人生的多难、多艰、多变才是常态,但所有困境都是暂时的。美好的人生需要苦难的点缀,把握好困境带来的机会,在坚持中寻求新的突破。

在绝望中寻找希望

01 好心态胜过好身体

许多人认为身体不好是一个不能克服的巨大障碍,但下面的故事一定会让你明白一些道理。

在美国威斯康辛州的福特·亚特金逊附近一个小农场里,生活着琼斯一家。虽然琼斯凭借健康的身体每天起早贪黑地工作,但仍然不能使农场生产出比他的家庭所需要的更多的产品,这样的生活年复一年地过着,直到琼斯患了老年全身麻痹症,卧床不起,几乎失去了生活能力。

凡是认识他的人都确信,他将永远成为一个失去自由和希望的病人,他不可能再为这个家贡献什么了。然而,琼斯却不这么想,他的身体是麻痹了,但是他的心态并未受到影响。他能思考,他确实在思考、在计划,他要用另一种方式供养他的家庭,他不想成为家庭的负担。

他把他的计划讲给大家听,他说:"我很遗憾,再也不能用我的身体劳动了,所以我决定用我的头脑从事劳动。如果你们愿意的话,你们每个人都可以代替我的手、脚和身体。我的计划是把我们农场的每一亩地都种上玉米;再用所收的玉米喂猪;当我们的猪还幼小肉嫩时,就把它们宰掉,做成香肠,然后把香肠包装起来,取一个我们自己的名字,送到零售店出售。"他低声轻笑,接着说道,"也许这种香肠会在全国像热糕点一样出售。"

琼斯说出了一句最成功的预言,这种香肠确实像热糕点一样出售了!几年后,"琼斯乳猪香肠"竟成了家庭生活的日常用语,成了最能引起人们胃口的一种食品。他躺在床上看到自己成了百万富翁,他很愉快,因为他是一个有用的人。

琼斯以自己的经历撰文,给那些因为生理残障而绝望的病人,其中有这样一句话:如果人生交给我们一个问题,它也会同时交给我们处理这个问题的能力,而绝不会使我们陷入窘境。每当我们受到阻碍不能正常地发挥我们的能力时,我们的能力就会随之变化。即使你的身体处于一种极不好的状态中,只要你的心态是好的,你仍然可以过着对社会有用的幸福生活。

因此,身体的残疾不是最可怕的,最可怕和危险的是一个人的心态失衡。有句话说:身体是革命的本钱,现在应该说:心态是"革命"的本钱。一个各方面都健康的人,如果他不能以"健康"的心态去面对生活,坏心态很容易将他打垮,就像下面故事中的保罗。

保罗有一个温暖的家、温柔的妻子和高薪的工作,然而他的情绪却非常消沉。他总是感到呼吸急促、心跳加快、喉咙也像长了什么东西一样有种梗塞感。医生劝他在家休息,暂时不要工作。他反而认定自己身体的某个部位有病,快要死了,甚至为自己选购了一块墓地,并为他的葬礼做好了准备。一段时间之后,并没有更坏

在绝望中寻找希望

的事情发生,但是由于恐惧,他仍然心神不宁,体重骤减,甚至感到所有的病症更加明显。这时他的医生命令他到海边去度假。

由于带着心里的死结,海滨之旅使他的恐惧感有增无减。一周后他回到家里,开始静等着死神降临。

保罗的妻子也对他的样子充满了疑问,但她不愿意莫名其妙地等待,于是将他送到了一所有名的医院进行全面的检查。医生笑着告诉他:"你的身体壮得像头牛,你的症结是吸入了过多的氧气。"面对令保罗瞠目的诊断结果,他将信将疑地问:"我该怎么办呢?"医生说:"当你再感觉到这种不适时,可以暂时屏住气,或拢起双手放到嘴前向掌心呼气,也可以用这个。"医生递给他一个纸袋,他就遵医嘱行事。结果他所有的症状都不复存在了,离开医院时他已是一个非常愉快的人。

当他重新坐到办公桌前时,他不知道应该感谢自己的妻子还是医生,但有一个答案是确凿无疑的:好身体难敌坏心态。

以上事例说明:一个身体完全健康的人如果没有良好的心态,整天疑神疑鬼,不但影响正常的工作,而且很可能毁了自己的生活。反之,一个身体虽然有某些缺陷、但自始至终拥有积极心态的人,不但自己生活充实,而且还能做出有益社会的事情。

02　勇于挑战权威

想像力的表面意思是对不存在或未发生的事情加以想像,达到身心充实的目的。闲暇时它可以愉悦精神,遇到困难时它甚至可以拯救生命于危难。

某杂志上曾刊登过这样一个故事:一位政客,一位地质学家,一位诗人,三个人是好朋友,他们一同外出度假时被当地匪徒追杀,他们惟一的逃生之路是要穿越一片人际罕至的荒漠。为了生存,他们一面提防追匪,一面强忍着干渴和饥饿奔向沙漠。求生的欲望使他们熬过了最初的两天,但当他们停下来休息、面对一望无际的沙漠时,他们有点绝望了,因为不知道还要走多久才能走出去。饥饿和疲劳他们还可以抵御,但没有水喝,使他们生还的希望越来越小,他们明显地感受到了死亡的威胁。

政客郑重地向两位朋友承诺说:"如果这时候有人给我们送上一箱矿泉水,我回去后一定让他升官发财。"

地质学家冷静地说:"在这荒芜的沙漠,连一个活的动物都找不到,哪里会有人?我们还是现实点吧,寻找水源!"后来根据多年的实地考察经验,他果真在一块地面发现土壤相对比较潮湿,三人立即折断枯枝做工具,朝湿地不停地刨下去,但直到三个人筋疲力

在绝望中寻找希望

尽,仍然找不到水源。

时间在慢慢地流逝,第三天早上,诗人醒来时天刚亮,面对着广袤的荒漠,他实在无技可施,便开始想像:要是我们置身于一大片绿地该有多好啊!沐浴在阳光下,畅饮甜美的山泉,溪流静淌,树叶上的露珠被阳光折射成一颗颗晶莹剔透的珍珠……树叶上的露珠?!诗人突然想起了什么,急忙向一棵树奔去。果然,树上还残留着一些露珠。他立刻叫醒同伴,高喊:"我们得救了!"他欢呼跳跃起来。

于是,每天的后半夜,他们就想办法啜饮树叶上刚凝结还来不及蒸发掉的露珠。一个星期后,他们出现在荒漠的另一头,而且身体完好,亲人们在为他们活着回来高兴的同时,都为他们竟能徒步穿越这片荒漠的行动感到十分的惊讶和不可思议。诗人挺胸抬头自豪地对人们说:"我的想像力救了我们的命!"

第一章 低谷，只是人生的短暂逗号

喜欢想像的人，在想像的空间里，他们可以预演自己的理想，品味快乐和满足，并且可能在生死攸关的时刻，使想像力成为救自己于绝境的生命之力。想象的力量在于即使身处逆境，也能帮你鼓起前进的船帆；想象的魅力在于即使身处险境，也能召唤你重新振作的勇气；想象的伟大在于即使遭遇不幸，也能使你保持一颗纯真的心灵。

所以不管现实生活如何，我们都不应丧失对美好事物的想像，它是我们在面临困境时与之斗争的动力。与梦想一样，可以助我们一臂之力的还有我们与生俱来的创造力。充分发挥创造力，不仅可以拥有财富，还会有许多意想不到的东西，一个平凡无奇的人很可能因为适当发挥了创造力而成为了某方面的专家。

很早以前看到过这样一个有关"专家"的故事：

一个聪明的人决定开始一项冒险活动。他大胆的预测一场万众瞩目的球赛的结局（会有很多人赌球），他发出一万封信，对其中的5000人预测甲队胜利，而对另外的5000人预测甲队失败。毫无疑问，无论如何，他总会说对一半。然后下一次，他又开始预测一场新的比赛，这一次他只给上次说对了的那5000人发信，不再理会另5000人，预言当然还是胜负各占一半；接着再把这个游戏进行下去……经过了四五次后，他已经在一千多人或者数百人中建立了极高的威信，那些人会说："这家伙神了，说得这么准！"他会收到很大的反馈，许多人开始重视他的意见，随着名气的增加，会有新的

在绝望中寻找希望

崇拜者加入到队伍中来。

当他认为自己"专家"的威信建立起来以后,便开始收费,然后再继续向上次说对了的人群"预测"。由于"预测"的结果惊人的准确,他的铁杆崇拜者越来越多的付给他报酬。这个家伙成了一个名利双收的大"专家"。

这个故事对众多真正的专家颇有不敬之嫌,只是姑妄言之,权作笑料而已。但在这年头,好多队伍中都是鱼龙混杂,良莠不齐,也不能排除一些无真才实学之人披上一些诱人的外衣,以迷惑众人、谋取私利。

话再说回来,就是真正的专家也难免有失误的时候,尤其是像对未来事件进行预测这种事。专家只是意味着对现有资料、知识了解得比较充分,比较熟悉这类事情的内幕,过去曾经做出过成绩,在这个领域中有着一些超乎常人的判断力和一大堆的支持者而已,并不意味着在未来他还会完全正确。说不定他陶醉于自己的传统经验中,不善于观念创新,出错的概率反而更高呢。

再说,当一个人决心干一件事,经过较充分的准备,下了一定的功夫之后,尽管你原来只是个普通人,现在其实已具备了专家的实力和半个专家的水平,而你没有成见、大胆进取的地方可能正是专家们所欠缺的呢!每一项新发明,人类的重大突破不都是新专家突破老专家的阻力而做出来的吗?

我们可以尊重专家的意见,在他的基础上前进,但千万不要把他看作是不可逾越的高峰,而阻碍了自己的发展。

勇于挑战权威,就要在任何的专家和权威面前都能坚守:只相信不迷信。更多的时候要相信自己,审时度势,下定决心后勇往直前,不断地强调自己的专长,没准你也能成为专家。

03 把想法变成现实

小吉的父亲病重卧床时,小吉只有 11 岁,他不得不继承父业,在乡村当制面条工。这个少年要奉养他的双亲、六个兄弟和三个姊妹。他接替了父亲所有的工作,除了每天夜里加工面条外,还必须在第二天把面条卖出去。几年下来,他的这项家庭产业已经远近闻名,这证明他不仅是一个能干的生产者,还是一位优秀的销售员。

他在 20 岁时爱上了一位武士的女儿。这个年轻人深知他未来的岳父不会乐于让自己的女儿同一个制面条的工人结婚。因此,他就激励自己要改变地位,要和对方的身份相称。

像世界上许多取得了成就的人一样,小吉不断地寻求能够帮助他从事新活动的特殊知识。

他像一个孩子初入学校一样渴望新知识,只不过他走进了大

在绝望中寻找希望

学课堂。他谦虚好学的态度赢得了教授的好感,两个人的交往延伸到了课堂之外。

在一次闲聊中,教授告诉他一种从未被证实过的关于珍珠的由来的理论。这位教授说:"当外界的一种物体,例如一粒沙子,粘到牡蛎的体内时,如果这个物体不杀死牡蛎,牡蛎就以一种分泌物包住这个物体,这种分泌物就在牡蛎的壳内形成珍珠母。"

小吉的热血沸腾起来了!他立即向教授提出一个问题:"如果我饲养牡蛎,然后精细地放一个微小的外界物体到牡蛎的体内,会长出珍珠吗?"教授鼓励他不妨试试。他简直迫不及待地要获取这个问题的答案。

他首先根据向那位大学教授学到的知识去进行观察,然后应用他的想像力并进行创造性的思考,他认定如果所有的珍珠仅仅是当外界物体进入牡蛎体内时才能形成,他就能使用这一自然定律发展珍珠生产。他能把外界物体置于牡蛎体内,迫使牡蛎生产珍珠。

小吉有了想法之后积极地行动起来,养成了把自己的想法转变成现实的好习惯,成了位实干家。终于,他改换了他的职业,变成了一位珍珠商。同时,他也拥有了渴望的爱情。

不可否认,小吉是一个成功的男人,他用自己的行动为所有人演绎了成功原则:让所学到的知识发挥作用。因为知识本身不能使你成功,但是应用知识可以给你带来成功。

小吉成功的另一个原因是他重视自己。他没有因为自己是卖面条的而自卑,没有在生活的重压下自暴自弃。

一个人要想获得别人的重视,首先要对自己重视,这是人人共知的道理。但有些人虽然从容貌、地位上并不比别人差,但却总是自我轻贱,认为自己什么都不行,对别人的呼来喝去也听之任之,不加反驳,整天不敢抬头看人,好像欠了钱、犯了罪一样,越是这样,别人就越欺负他,他也越来越不自信,越来越看不起自己,到头来事事无成。反之有些人虽然衣衫褴褛,貌不惊人,却因不轻视自己而取得成功。

在美国费城大街,来往的人们早晚间常会看到有一个衣着不甚光鲜的青年在徘徊,他目光幽深,惹人注目。有的人感到很好奇,就问:"你这样整天走来走去在忙些什么?"

他带着几分自信回答:"我想找寻一份职业啊!"他的回答不但

在绝望中寻找希望

没有引起别人的注意,反而被许多人耻笑,笑他一个像乞丐似的人还想要找工作,认为他也只配找要饭的工作。面对别人鄙视的目光,他并不灰心,他相信自己能行。

终于有一天,他走进富商鲍罗杰的办公室,请求他牺牲一分钟的时间和自己谈话。鲍罗杰对这位外衣不整洁、极度窘困的怪客感到异常惊奇,想要拒绝,但青年眼光中流露出的睿智与真诚触动了富商。

富商犹豫片刻,出于好奇和同情答应了他的要求,但只答应说一两句话。可谁也没想到,正是这一两句话,改变了青年的生活。

他们谈了 20 句、30 句,时间也从 1 分钟到 10 分钟、15 分钟直到 2 个小时,他们谈得十分投机、热烈,许多问题都不谋而合。

最后,富商请青年留下用午餐,答应给他一个很好的职位,并说只要他肯努力,还要给他高薪。

故事虽然带有传奇性,但它却告诉我们:成功的关键是重视自己,认识自己的价值所在。

具有一定社会地位只是受到别人尊重的外因,要想真正赢得外人的重视,首要条件是不看轻自己,相信自己一定能行。只有这样才能在机会到来时及时抓住它,为成功铺路架桥。

04　爱别人就是爱自己

汉斯帅极了,外形俊朗,风度翩翩,脸上还时常挂着笑容,工作也极为认真尽责。但是他的朋友少得可怜,他自己不知道问题出在什么地方,他周围的人也说不清楚自己为什么不喜欢他,尽管他并不招人烦。

揭开谜底的是下面的这段对话:

心理医生:"你认为自己与众不同吗?"

汉斯:"某些地方是这样的。"

心理医生:"是因为你才华横溢、长相出众吗?"

汉斯:"才华横溢倒谈不上,应该说我长得还不赖。"

心理医生:"所以,你觉得大多数人不如你。"

汉斯:"不全是这样,不过可以这么说。"

心理医生:"但是你的工作不是由长相来完成的。你的能力并不比别人强多少,仅仅因为'长得不赖',就有了优越感,只爱自己不爱别人。反过来想,你愿意和这样的人交朋友吗?记住:滥用出色的外表只能给你带来烦恼。"

相信汉斯后来一定交到了很多朋友。因为他关爱他人的好心态引领他在需要的时候及时求助能帮助自己的人,而不是一味沉

在绝望中寻找希望

溺于似是而非的良好感觉中。并且汉斯从医生那里找回了两颗心:一颗是平常心;一颗是爱心。平常心让他放低自己,不因为自己的某一个出众之处就去漠视别人,应该肯定别人的存在价值,关心别人,并认为他们很重要;爱心是让他以爱换爱,少爱自己,多爱别人,如此交换的结果是很多人给予他的爱取代了他一个人给予自己的爱,最终他成了拥有爱的豪富。

潇洒帅气的汉斯没有因为他的容貌而让别人更爱他,让他赢得众人青睐的是他那颗关爱他人和与人为善的爱心。因此,扩大自己优势的最佳方法之一就是爱更多的人。

如果人人都能像汉斯那样及时发现自己的缺点并尽快改之,最终使自己和别人同时受益,那我们的生活该是多么美好呀!但是偏偏有些狭隘之人,拼命抓住自己的一点点小优势不肯与他人分享,最终使之变得比常人更差。

汤因莱斯是个胸怀大志的农民,他从小就渴望成为本地最大的农场主,因此他不断地学习农业科技。科学种田的结果是每次他都能把收获的庄稼卖上好价钱,然后再用挣的钱去收购更多的土地。

最近他又买了一块地,而且价钱很低。因为卖地的人并不是很懂农业知识,因而认为这块地长不出好庄稼。但汤因莱斯却知道这块地非常适合种玉米。于是他四处打听哪里可以买到优质玉米种子,再头来一些种上,结果收成甚丰。他的邻居们既惊诧又羡慕,后悔自己没有买到这么好的种子,包括已经卖地给他的那个人也后悔的不得了。那些农民都请求他卖些新种子给他们。可是汤因莱斯怕失去竞争优势,断然拒绝了。

第二年,汤因莱斯再用新种子播种的玉米收成并不太好,不过仍然比其他的农户们的玉米地产量高,所以,也还是有人向他求购种子,他还是毫不犹豫地拒绝了。当第三年的收成更进一步减少时,汤因莱斯终于坐不住了,他找到向他推荐种子的农业专家质问,那位专家从头到尾听了汤因莱斯的讲述之后,遗憾地告诉了他真正的原因。原来,并不是种子不好,而是他的优种玉米接受了邻人田中劣等玉米的花粉,已经无法长出优质的玉米了。

汤因莱斯的教训不谓不深刻,因为他本来可以通过其他人来扩大自己的优势。他在拒绝别人的时候,却没有意识到他拒绝的实际上是对于自己更有利的结果。而我们应由此想到更多,一个人如果不懂得与别人分享利益,最终吞下苦果的将是他自己。

所以,无论在容貌上还是其他方面,任何优越的条件与环境都不是绝对的,当你的优点与优势只属于你自己时,你最终收获的并不一定是最好的结果。当你真正做到把自己的优点与优势充分与别人分享时,绝对是一件值得恭喜的事,因为你已经具备了帮助自己成功的好心态,也一定会有意想不到的收获。

05　每次挫折都是一次成熟

乔普从外表看是一个极普通的人,不普通的是他几乎没有开怀大笑过。他总是一副心事很重的样子,他忘不了自己是一个私生子,更担心会因此遭到别人的嘲笑,所以也很少和别人来往,他的家里除了妻子和母亲,也没出现过别的什么人。

终于妻子因为受不了沉闷的家庭生活而离开了他,一年以后母亲去世,使他成了真正的孤家寡人。对生活的失望和对自己的绝望更使他备觉了无生趣,于是,他决定自杀。

他是天主教徒,知道自杀有违教规,但他认为"上帝"已经遗忘

了他,当然也就不会责备他。

带着一瓶剧毒农药,他来到离母亲的墓地不远的地方,毫不犹豫地喝了下去,在他尚未失去知觉时,他突然想起了一句话:你的生命是别人生命的延续,即使不为自己也要为别人活着。然而,在他还没有来得及深想之时,已昏然倒地。

不知道过了多久,他被冻醒了,摸到周身浓重的湿气,睁开眼睛,看到依稀的星光,这让他十分惊异,一时分不清自己是在天堂还是地狱。他冲到公路边上,看到了急驰的车流和远处的灯火,知道自己没有死。他想不通自己为什么会没有死,是老眼昏花的商店老板拿错了药?还是那药只能杀死害虫,不能杀死人?不过他已无意追究答案,因为他更愿意相信:这是上帝的意思。上帝希望他活下来,因为另有任务给他。当他知道自己仍然活着,突然间重新有了生存的渴望。他感谢上帝的恩赐,让他活下来,给他机会,要他把不属于自己的生命延续下去。

从此,乔普成了一个"为别人活着的人",教区里无人不知的"全天候"义工是他;教堂里永不疲倦的志愿者是他;那个步履轻快、笑容愉快的人还是他。当他把帮助别人当作自己生命的全部使命以后,已无暇忆及自己曾是一个因了无生趣而绝望过的人。

对于每一个追寻生存意义的人来说,你必须克服的弱点是什么?是自卑、是沮丧、是犹疑,是了无生趣……无论是什么,都不可怕。只要你能正视它,它或许在某一时刻会影响你,但决不能让它

在绝望中寻找希望

影响你的一生。记住了这一诤言,你才能跨越障碍,实现人生的意义和价值。

记得一位心理学家曾经说过,多数情绪低落、自暴自弃、不能适应环境者,皆因胸无大志,他们没有自知之明,又处处要和别人比,总是梦想要是能有别人的机缘,便将如何如何。

诚然,寻找不满自己遭遇的理由那是易如反掌,关键是看你用什么样的心态去对待它们。英国政治家威伯福斯痛恨自己矮小,著作家博斯韦尔有一次去听威伯福斯演讲,事后对人说:"我看他站在台上真是小不点儿。但是我听他演说,越说似乎人越大,到后来竟成了巨人。"这奇矮的人终生病弱,医生叫他吸鸦片烟,以维持生命,历时二十年,他却有本领不增加吸食的剂量。他反对奴隶贸易,英国废除奴隶贸易制度,多半是他的功劳。

历史上最激励人的成功事迹,多半是那些身有缺陷、境遇困难、但不怨天尤人、而视之为生命的嘲弄、勇往直前、不为之所困的人谱写的。挪威著名小提琴家布尔有一次在巴黎举行演奏会,一支曲子演奏到一半,一根弦忽然断掉。他不动声色,继续用三根弦奏完全曲。这就是人生——一根弦折断,就用其余三根弦奏完全曲。

据说,苏格兰军队当年在西班牙与回教徒作战时,把已故国王布鲁斯的心抛在阵前,然后全军奋起抢夺,击败敌人。这就是前进的方法。把握你的生命,高悬某种理想或信念,全力以赴,让自己的生活有一个明确目标。有许多人庸庸碌碌,悄然逝去,这是因为他们自甘平庸,认为人生自有天定,却从没想到人生是可以创造的。事实是人生存在世上,哪可能是天定;好好地利用自己作为人的优势,使它朝着自己的计划和目标奋进,这样就成了有意义的人生。

大多数的人成功至少不能缺少以下三个因素:

第一是想像力。伟大的人生以憧憬开始,那就是自己要做什么或要成为什么样的人的憧憬。南丁格尔的梦想是要做护士,爱迪生的理想是做发明家。这些人都为自己想像出明确的前途,把它作为目标,勇往直前。

19世纪的英国诗人济慈,他幼年就成为孤儿,一生贫困,备受文艺批评家抨击,恋爱失败,身染痨病,26岁即去世。济慈一生虽然潦倒不堪,却不受环境的支配,他在少年时代读到斯宾塞的《仙后》之后,就肯定自己也注定要成为诗人。济慈一生致力于这个最大的目标,使他成为一位名垂不朽的诗人。他生前有一次说:"我想我死后可以跻身于英国诗人之列。"

你心目中要是高悬这样的远景,就会奋斗不息。如果自己心中认定会失败,就永远不会成功。你自信能够成功,成功的可能性就大为增加。没有自信,没有目的,你就会浑浑噩噩,一事无成。

第二是常识。圆凿而方柄是绝对行不通的。事实上,许多人东试西试,最后才找到自己的方向。美国画家惠斯勒最初想做军

在绝望中寻找希望

人,后来因为他化学不及格,从军官学校退学。他说:"如果硅是一种气体,我应该已经是少将了。"司各脱原想当诗人,但他的诗比不上拜伦,于是他就改写小说。在确定自己的人生方向时,要检讨自己;在设定你的目标时要多用点心思,从自身条件出发,不要不切实际地漫天狂想。

第三是勇气。一个人真有个性、有本事,就会有信心、有勇气。大音乐家瓦格纳遭受同时代人的批评攻击,但他对自己的作品有信心,终于战胜世人。黄热病流传许多世纪,染病死去的人不计其数。但是一小队医疗人员相信可以征服它,他们克服重重困难,在古巴埋头研究,终告胜利。达尔文默默无闻工作20年,有时成功,有时失败,但他锲而不舍,因为他自信已经找到线索,结果终获成功。

拥有积极心态的人懂得目标、常识、勇气的价值,知道即便是稍微运用,它们也会带来意想不到的结果。如果一个人不靠奋斗就想发财,他可能会遭遇无情的打击;如果他从不付出却想享乐,肯定会自讨苦吃;如果从不关心别人却企望高朋满座,无异于痴人说梦。只有洞悉了生存的意义,相信人人为我、我为人人,相信生活中的一切悲欢和困苦都不是生活的全部,才可以利用人生的一切机遇,成功地开创属于自己的未来。

06　有舍才有得

在荷兰首都阿姆斯特丹的一座15世纪的教堂废墟上留着一行字:事情是这样的,就不会那样。这句话是告诫我们不要抱怨已经发生的事,而应该学会释然,丢掉沉重的包袱。

这是一个和舍与得有关的真实故事,是无数第二次世界大战期间发生的故事中的一个:一位名叫伊莎贝尔·萝琳的女人同时送走了丈夫约翰和侄子杰夫参军去前线。不幸的是九个月之后就接到了丈夫约翰的阵亡通知,她伤心至极,如果不是侄子的信,她甚至不知道自己是否还能坚持下去。可是一年半以后的一份电报再次重复了她的不幸:她的侄子杰夫,她惟一的一个亲人也死在战场上了。她无法接受这个事实,决定放弃工作,远离家乡,把自己永远藏在孤独和眼泪之中。

正当她清理东西、准备辞职的时候,发现了当年侄子杰夫在她丈夫去世时写给她的信,信上这样写道:"我知道你会撑过去。当我的父母意外去世时你曾这样对我说。你还告诉我在天堂里的父母会看着我,他们希望我坚强而快乐的生活。我永远不会忘记你曾教导我的:不论在哪里,都要勇敢地面对生活,像真正的男子汉那样。现在,为了我也为了天堂里的约翰,我也要你勇敢地面对这

在绝望中寻找希望

个不幸,别忘了你是我最崇拜的好姑妈,请露出你的微笑,能够承受一切的微笑。"

她流着泪把这封信读了一遍又一遍,似乎杰夫就在她身边,一双炽热的眼睛向她发出疑问:你为什么不照你教导我的去做?

萝琳打消了辞职的念头,并一再对自己说:我应该把悲痛藏在微笑后面,继续生活。因为事情已经是这样了,我没有能力改变它,但我有能力继续生活下去,并且会像侄子希望的那样好。她真的做到了,因为损失是无法挽回的,只有舍弃,才能更好的迎接未来的生活。此后她不但积极工作,还把余下的生命时光全部献给了福利事业,帮助了无数更需要帮助的人。

人生是一场单程旅行,一去不返。所以在有限的生命历程里,一定要善待自己的生活,认清自己的实力,从事自己能胜任的工作。

避免走这篇故事的主人公的弯路:他在现实生活中是一个极度自卑的人,因为受教育的程度与他现在工作的要求差距很大,有限的知识积累已不能十分胜任这份工作,而且没有一技之长,社会经验和阅历都不甚丰富。他深知自己的缺陷,也尽力去弥补,但总也找不到合适的方法,收效甚微。为此他心理承受了巨大的压力,当看到与自己年龄相仿的朋友一个个都比自己强,甚至比自己年龄小、学历低的人都已超过自己时,他更是急上加急。想尽了各种办法,比如投入更多的时间看书读报、学英语、上补习班……几乎在他现今能力所能做到的补差方法都做到了,但还是收获不大,工作中还是时常碰壁,自卑的情绪更加严重,几乎到了神经崩溃的边缘。无奈之下他只好求助于心理医生。听了他的情况,医生告诉他学习是一项长久坚持的事情,学习的成效与其他事情不一样,效果不是当时就能看得到的,它是一种内在涵养的提高,在生活中只能潜移默化地起作用。

最后医生告诉他一个治疗方法,就是去找一份与自己的学识水平相当的工作,甚至稍低一些会更好。因为相对简单的工作,可以使业余时间加长,而且还可能会干得比现在好,有利于增强自信;如果利用多出来的空闲时光读书学习,会使自己的生活更充实。他照着医生的建议去做了,一年以后,他神采奕奕地站在医生面前,不是来看病,而是来感谢医生。

因为他学会了在无法弥补的缺失面前释然。其实,解决问题的方法很简单,就是使自己处于能解决问题的地方。认清自己,知道自己适合什么,让自己处于最佳的位置。学会用释然驱散生活、事业的阴云,就会让自己生活在一片晴空之下。

现实生活特别复杂,我们自己的承受能力却很有限。假如说大脑是一个仓库,不管这个仓库有多大,当一种东西将其填满时,另一种东西必定没办法入库。我们痴迷于武侠小说就无法专注于几何图形,总是看娱乐杂志就不能用心去记英文单词。所以,我们应该懂得,该舍弃的东西一定不能留恋,该拥有的我们一定要去努力争取。

在绝望中寻找希望

07　微笑能融化冰山

现在,许多人都感叹人际关系太冷淡,每个人的脸上都是冷漠的表情,与人为善的人越来越少。其实,反过来想一想,面对陌生人的时候,发出感慨的自己又给予了别人多少微笑呢?事实上一个人的内心很容易温暖,也许就只是一个小小的微笑就能使对方感觉温馨和快乐,从而友善地对待你。

有这样一个故事,一个善意的微笑挽救了一个将要被执行死刑的人。

一个叫杰克的士兵在内战时不幸被俘虏,被投进了阴暗的单间牢房。对方的严刑拷打他可以挺得过,但他们那轻蔑、冷漠的眼神却使他感到紧张,当他从狱卒口中得知第二天将被处死时,他的精神世界完全垮掉了,他还年轻,他不想就这样还没见到家人最后一面就死去。

他带着恐惧用颤抖的双手在衣兜里翻来找去,想要找到一只香烟,以缓解自己的紧张。但他的全身都被搜查过了,可以拿走的一样也没剩下。在感到已没有希望的时候,他从上衣的口袋底部找到了一根被揉搓得快要碎了的烟头。他哆哆嗦嗦地拿着这个烟头,手指却怎么也不能将烟送到唇边。他有些急了,用一只手紧紧地握住另一只手的手腕,勉强把烟送到了几乎没有知觉的嘴唇上。接着,他又本能地浑身上下找火柴,但这回却是彻底地失望了,他翻遍了衣服的每一个角落,连一枚火柴的影子也没有。

他很沮丧,难道我连最后的愿望也无法实现吗?他环视四周,透过牢房冰冷的铁窗,借着昏暗的光线,他看见一个像木偶一样一动不动的士兵。他多么想让士兵看他一眼呀!但看守始终都直视前方,没看他一眼。他用力摇了一下铁窗,以引起看守的注意,但看守好像没听见一样,一点反应也没有。没有办法,他打算叫那个士兵,他用尽量平静的、沙哑的、稍大一些的嗓音一字一顿地对他说:"对不起,有火柴吗?我想借用一下。"

这回士兵听见了,头慢慢地扭过来,慢慢地踱到杰克跟前,用冰冷的眼神不屑一顾地扫了杰克一眼,他的脸也是冷冰冰的,毫无表情,想要说什么,但没说,只深吸了一口气,掏出火柴,划着火,帮杰克把烟头点着。"谢谢,我在天堂里会为你祈祷的。"杰克很真诚地说。

在黑暗的牢房中,那微小的火柴光显得格外明亮,他们看清了彼此的脸,眼光碰到了一起,杰克习惯地咧开嘴,善意地对他笑了笑。看守好像被他的微笑吓到了,呆呆地看着杰克,在他的意识里一个人不可能对他的敌人微笑。几秒钟的发愣之后,看守的嘴角也不大自然地往上翘,露出了微笑。彼此的微笑,一下将他们的距离拉近了。看守并没有立刻离开,而是探过头来轻声问:"你的家

在绝望中寻找希望

里还有亲人吗？有孩子吗？"

"有，在这儿呢！我一直将他们放在我身边，是他们鼓励我活到了现在。"杰克用颤抖的双手从贴身衣袋里拿出他与家人的合影。看守看了之后，又笑了，也赶紧从兜里掏出自己与家人的照片给杰克看，并说："我当兵的时间不算很长，但也有一年多了，想孩子和妻子想得要命，不知他们怎么样了。不过再有几个月，我可能回家一趟。唉！做梦都想家。"

"你的命可真好，你还能回家，愿上帝保佑你平安回家。可我明天就要死了，再不能见到我的亲人了，再也不能拥抱和亲吻我的孩子了，希望上帝保佑他们一生平安……"杰克哽咽着说，边说边擦眼泪。杰克的话使看守的眼中霎时充满了同情的泪水。

他们好像孩子一样，同时哽咽起来，突然看守抹去泪水，眼睛亮了起来，用食指贴在嘴唇上，示意杰克不要出声。他开始机警地环视周围，并巡视了一圈过道，看到没有什么异常情况后，他慢慢地掏出钥匙，悄悄地打开牢门的锁。看守抓住杰克的一只手，蹑手蹑脚地走到监狱的后门，又走出了城门。

杰克的生命被他的微笑挽救了……

看到这个故事，你也许应该相信，微笑可以拯救生命。在万丈深渊面前，瀑布选择微笑，纵身跃下，创造了"飞流直下三千尺，疑是银河落九天"的壮丽奇观；在鸣沙山面前，月牙泉报以微笑，谱写了"沙夹风而飞响，泉映月而无尘"的沙漠景象。只有善意对人，才

第一章 低谷，只是人生的短暂逗号

能得到对方同样善意的回报，就像俗话所说的：你的播种决定你的收获。

有这样一个和这句俗话有关的故事：

加利福尼亚的奥法镇风光秀美，景色宜人，以前是一个只有几户人家的小村庄，后来有人陆续迁入，使它变成了小镇。某地产公司的部门主管库克因为工作变动即将住到这里，他担心邻居是否容易相处，便趁着给汽车加油的时候问一位老人："这个镇上的人容易相处吗？"老人慢慢地说："昨天也有一个人这样问我，我反问他：你以前住的地方的那些人怎么样？他告诉我说：他们糟透了，很难相处！我只好回答他：那我们这个镇上的人也一样。现在，也请你先回答我：你以前住的地方的那些人怎么样？"库克微笑着回答："他们好极了，真的非常友好，如果不是因为工作的原因，我甚至不想离开他们。"老人也愉快地笑着说："很好，那么我也可以告诉你:我们这个镇上的人也一样。"

这或许是电影中的一个片断,但那位老人却是一位生活中的智者,他说出了一句真理:在人际交往中,别人对你的态度取决于你对别人的态度。

人生是一条蜿蜒曲折的旅途,前方充满了希望,也不乏荆棘和坎坷,面对这些,只有选择坚强地微笑,因为微笑给予你走出逆境的力量。直到习惯成自然,当你能够毫不迟疑地漾起微笑,善待所有陌生的人群时,你将不再抱怨别人冷漠的眼神,不再对陌生人不屑一顾,因为你已经淹没在陌生人善意的笑容里。把微笑当成习惯吧,你将看到每个人的脸像天使一般美丽。

08　绝不能在淤泥中腐烂

不向任何人卑躬屈节,不容许别人歧视、侮辱是"尊严"不变的内涵。只有自尊,才能受到别人的尊重。自尊心在平时需要培养,在特殊的情况下则需要捍卫。

霍克住在贫民区里,他的家庭状况也就可想而知了,为了省下家里取暖的钱给自己交学费,他必须到附近的铁路去拾煤渣。霍克的行为受到了贫民区里其他孩子家长的称赞,那些家长也拿他为榜样教育自己的孩子要向他学习,自食其力。但霍克却因此遭到那些孩子的嫉恨。

有一伙孩子常埋伏在霍克从铁路回家的路上,袭击他,以此报复。他们常把他的煤渣撒遍街上,使他回家时受到责备,他只能默默流泪。这样,霍克总是或多或少地生活在恐惧和自卑的状态中。

终于有一天,老师看到霍克脸上的伤,问起原因,霍克哭着说了经过。老师问道:"你觉得自己错了吗?"霍克马上坚定地回答:"不,我没有错。"老师又说:"那么,这种事情必须结束。霍克,你有力气拾煤渣就应该有力气反击他们,记住:要为你坚持的东西而勇敢。"

第二天,在霍克拾完煤往回走的路上,看见三个人影在一个房子的后面飞奔。他最初的想法是转身跑开,但很快他记起了老师的话,于是他把煤桶握得更紧,一直大步向前走去,犹如他是凯旋而归的一个英雄。

在绝望中寻找希望

接下来便是一场恶战,三个男孩一起冲向霍克。霍克丢开铁桶,勇敢地迎上去,拼尽全力挥动双拳进行抵抗,使得这三个恃强凌弱的孩子大吃一惊。霍克用右拳猛击到一个孩子的鼻子上,左拳又猛击他的腹部,这个孩子便转身溜走了。这使得霍克精神一振,更加奋勇地反抗另外两个孩子对他进行的拳打脚踢。他用腿绊倒了一个孩子,再冲上去用膝部猛击他,而且发疯似地连击他的腹部和下腭。现在只剩下一个孩子了,他是领袖,他突然袭击霍克的头部。霍克站稳脚跟,把他拖到一边,毫不畏惧地对他怒目而视,在霍克的目光下,那个孩子一点一点地向后退,然后飞快地溜跑了。霍克从煤桶里抓起一块煤投向那个退却者,这也许是在表示他正义的愤慨。

直到这时,霍克才知道他这一次的流血和伤痛是最值得的,因为他克服了恐惧。他知道帮他赢得胜利的不是他的拳头,而是他渴望捍卫自尊的心。从那一刻起,他坚定他要"为坚持的东西而勇敢",他要改变他的世界了。

自尊就是个人的尊严,是每个人都应该具有的。但并不是每个人都要像霍克那样用拳头和石头来捍卫它。真正懂得维护自尊的人是能给别人应有的尊重,从而赢得更多人的尊重,甚至可能改变一个人的整个生活。

有这样一个关于尊严的真实故事:某日富商闲来无事,就到大街上散步,刚走出不远,他看到前面有一个衣衫褴褛的铅笔推销员正满脸堆笑地向他走来,眼神里充满了渴望。富商见此,怜悯之情油然而生,毫不犹豫地将一元钱丢进推销员的怀中,就缓步走开了。他以为能听到一句感谢的话,回头看时正遇上推销员那毫不领情的眼神,他才忽然觉得这样做不妥,就连忙返回,很抱歉地对推销员解释说:"对不起,我刚才忘了拿笔,希望你不要介意。"说着便从笔筒里取出几支铅笔,最后又说:"我们都是商人,都不能做赔钱的买卖。你有东西要卖,而且上面有标价,我照价付给了你钱,我也要拿走我买的东西。"

这件事富商并没有放在心上,他只是觉得对任何人都应该尊重,不管他自己是否需要。

几个月过后,富商出席一个商业活动,作为公众人物,许多人都与他寒暄。快到中午用餐时,他身边的人不那么多了,这时一位穿着整齐的年轻人迎上前来,用充满感激的目光注视着他。富商感到很纳闷,但一时也想不起来这人是谁,此时年轻人说话了:"您早就不记得我了吧?我也是才知道您的名字,但不管您是一个名人还是一个普通人,我永远忘不了您。我是数月前那个铅笔推销员,当时您的举动给了我足够的尊严。在此之前,我一直觉得自己像个乞丐,一个推销铅笔的乞丐,不配得到任何人的尊重。因为很多的人都只给我钱,并没有拿走一件商品,他们都认为我是一个乞讨者,直到您走过来并告诉我,说我是一个商人为止。您虽然拿走了一元钱的商品,但却为我重新找到了尊严。您的话使我重新树立了自信,我立志要成为一个真正的商人,今天我做到了。谢谢您!"

没想到简简单单的一句话,竟使得一个处境窘迫的人重新树立了自信心,并且通过自己的努力终于取得了可喜的成绩。

一个人应该拥有自尊,但他更应该给别人以同自己一样的尊敬之情。只要一个人的内心是和善的,心灵是美好的,他一定是一个懂得自尊并尊重他人的人。

09　生气不如争气

人们总会为自己的暴躁脾气大加辩护:"人嘛,总有生气发火的时候。""要不把肚子里的火发出来,非得憋死我不可。"在这种借口之下,你总是不停地大发雷霆,想让别人都怕你发怒的样子。

有这样一位妈妈,她根本不能控制自己的愤怒,每当孩子们淘气时,她总是大发脾气。可是,她越发脾气,孩子们就越淘气。她惩罚他们,把他们关在屋里,大声叫骂,激怒不已。与其说她在当妈妈带孩子,不如说她在带兵打仗。她光知道大声叫骂,一天下来,犹如从战场归来,累得筋疲力尽。你看,孩子们知道他们淘气准会惹妈妈生气,可他们仍然不听话,这是为什么呢?

因为愤怒就是这样捉弄人:它根本不能改变别人,只能使别人更想控制动怒的人,或更想与你对抗。如果让上面提到的孩子们说出他们淘气的理由,他们或许会这样告诉你:"想看看妈妈发怒的样子吗?只要说这样的一句话、做那样一件事情,就可以控制她,让她气得头脑发昏。你会在屋里给关上一会,那是无所谓的;多好玩呀,我们应该这样多逗逗她,看看她会气成什么样!"

每当你以自己愤怒的表现来对待别人的某种行为时,常常会在心里说:"为什么不好好行事呢?这样我就不会动怒,而且会欣喜。"然而,你要是在心里说:"我要是换一种方法去做事,从他的角度多想一想,让我先去喜欢他。"那又会怎样呢?他们无论怎样的我行我素,对别人如何坏,也会敬佩一个好人的。每当因为自己不喜欢的人或不喜欢的事情动怒,其实是在逃避现实,自己接受自己情感的折磨是因为自己做得不够好。

一个朋友曾经说过这样一件事,当年上大学时,他们班上有位女孩,从小就让父母兄长给宠坏了,娇滴滴的,动不动就撒娇邀宠。班里的同学大都让着她,可惟一有一位女同学敢教训她,而不在意她那委屈的泪水。这位女同学说:"她习惯于被人宠是她自己的事,但是否宠她是我的权利,她应该改正她自己,而不是以此为借口去要求别人来迁就她。"

不能控制自己情绪的人经常在向别人咆哮之后说:对不起,请原谅,我脾气不好。这是一种可怕的误区。为什么不努力去控制自己的情绪,反而要别人努力地去宽容你?

在绝望中寻找希望

请记住这样的忠告:不能够制怒的人,所欠缺的不仅仅是严于律己、宽以待人的好心态,同时也是缺乏起码的文化修养的表现。

因此,能否受到别人的欢迎,所到之处留下的能否是阵阵欢笑而不是沉闷和压抑,与处世为人的原则和心态有着密切的关系。当然,与每一个人相处的结果,不一定都能达到双方为彼此不顾一切、赴汤蹈火、肝脑涂地的程度。但多一个朋友毕竟多一条路,多一个朋友就多一份享受快乐的机会。动作举止,风度翩翩;言谈话语,风趣儒雅;为人处世,心态平和。这样的你怎能不受到欢迎?周围的人怎能不感到快乐呢?但是,说起来容易做起来难。有的时候,由于自己某些个人的因素和一些他人的原因,令"喜欢我"受到了挑战。怎么办?

怎样才能使你任何时候都是魅力四射,永远都是欢乐的代言人,当别人不开心想要快乐的时候,你总是他们想到的第一人?想要做到这么多,决不是单靠嘴上一说,一个不负责任的许诺就可以如愿以偿的;或者,仅仅一次就可以一劳永逸的。那需要行动,而且是长久的行动。

科学证明每个人的大脑都是不一样的,这就决定了每个人的思想意识都是不一样的,在加上一些主观和客观的因素,人的思想变化就更是难以琢磨。但是,再难以琢磨,人都有一个共同的特点,就是希望得到别人的理解。对方一旦发现你可以感知他、理解他,他自然而然就对你产生了好感,此时的你绝对可以引起他的注意,你的第一步已经成功了。你做到这第一点并不难,有时只是一个善意的微笑而已。

如果双方交谈,一定要为对方着想,尽量找双方都感兴趣的话题;或者找对方特别关心的事情,并能从对方的言语之中找到他最需要的东西,从而去安慰他。安慰的话要积极向上、催人奋进,让对方能因你的话变得开心快乐、忘记烦恼,向着更高更远的方向迈进。这就是你要做到的第二步。这时,你也许会说,这不就是动动嘴皮子吗?但是,动嘴皮子时,一定是发自内心的帮助对方,是真诚的劝慰,这样才能让对方真的被你感动。其实这才是最难的。它是对你人格的一种检验,也是对你道德的一种要求——恪守承诺,兑现你的诺言。

有这样一个人,他绝对是一流的外交家,谁见了他的第一面都会喜欢上他。因为他太热情了,太善于交谈了,太容易向人许诺了。他好像应该是被人们包围的,光芒四射的。是的,他绝对被人喜欢过,但是那太短暂了。因为他说过的话或承诺过的事情从来就没有兑现过:每次约好的时间,他总是迟到,而且他迟到一百次也会有一百个不同的理由。更可怕的是,被质问的次数多了,他竟然会恼羞成怒。于是,他以前精心维护的形象荡然无存,在众多的亲朋好友眼里他变成了一个不能制怒的泼皮无赖,也暴露了他不缺好行为只缺好心态的弱点。

同样,在遭遇失意时,不要沮丧,要用"猝然临之而不惊,无故

在绝望中寻找希望

加之而不怒"的心态去面对,不在失意的时候失去人格,将失意放下,你就会发现,眼前依旧有明媚的风光,新生活随时都可以开始,这样的人才可以去主宰自己的人生。

10 迈出第一步

纽约两位63岁的老夫人菲莉西亚和莫莉都喜欢步行,每天她们分别从自己的家里步行到城南的老年活动中心,菲莉西亚每天走45分钟,莫莉每天走1个小时。活动中心的其他老年人都对她们钦佩不已,曾建议她们坐车或坐地铁,但她们风趣地回答:她们每天都太急于见到老朋友了,以至于实在没有耐心去等汽车送她们到中心来。于是又有人开玩笑说：你们合起来走的路，可以绕美国一圈了。

这句话提醒了菲莉西亚，她兴奋地对莫莉说：住在迈阿密的女儿生了双胞胎，自己正准备去看女儿和外孙，作为送给外孙的见面礼，她决定步行到迈阿密。

莫莉开始说菲莉西亚"疯了"，但转过念来又不无羡慕地说："如果我也有那么可爱的外孙，即使他们住在中国，我也会走着去看他们。"

就这样，菲莉西亚坚定而愉快的身影出现在了纽约到迈阿密市的公路上。当她拒绝任何帮助到达迈阿密以后，一些记者采访了她，问她是如何鼓起勇气步行到迈阿密的。

菲莉西亚夫人答道："如果你有健全的双腿，并且可以行走，那么，走一步路是不需要鼓起勇气的。真的，我所做的一切就是这样。我只是走了一步，接着再走一步，然后再一步，一步一步地，我就到了这里。"

是的，你必须迈出第一步，然后一步一步走下去。否则，不论你花多少时间思考和学习，都不会有所收益，因为确立目标容易，难的是采取行动。

任何事只有动起来，才会有成功的希望，俗话说：不怕慢，就怕站。无论什么事情，只有做才知道成与不成，而只要做，几乎没有什么不可能。

在绝望中寻找希望

某杂志曾刊登过这样一个故事：

几年前的一天，杰克到一间没人住的破屋里玩，玩累后把脚放在窗台上，双手抱着小腿，欣赏着窗外的蓝天白云。一声大吼惊得他一跃而起，没想到左手食指上的指环此时钩住了一个铁钩，竟把手指拉断了。他当时吓呆了，脑中一片空白。

那段时间杰克认为今生全完了。直到有一天，杰克在伦敦遇见个开电梯的人，他失去了右臂，就问他是否感到不便。他说："只有在缝纫的时候才会感到。"这句话深深地打动了杰克，一个失去手臂的人都没有绝望，他又有什么理由不去好好生活呢？他决定不再想伤痛，而是和正常人一样的生活和工作，当遇到因手伤不方便做的事情时，他不是放弃不做，而是想另外的方法。他比别人想的多也做的多，而他也从此没为这事烦恼过。后来他几乎从不想左手只剩4根手指，就当这件事从来没有发生过。

人不仅可以忍受不幸，更可以战胜不幸，因为人有着惊人的潜力，只要用积极心态去激发它，任何难关都可以渡过，用自己坚强的意志去迎击它，切实行动起来，也没有什么事情做不到。

小说家达克顿曾认为除双目失明外，他可以忍受生活上的任何打击。但当他60多岁、双目真的失明后却说："原来失明也可以忍受。人能忍受一切不幸，即使所有感观知觉都丧失，我也能在心灵中继续活着。"

以上事例无一能离开好心态的指引，这些都在提示人们：只要有一线希望,就应奋斗不止。但对无可挽回的事,就需要另一种好心态:想开点,不强求不可能的结果。

话剧演员波尔赫德就是这样一位达观的女性。她风靡半个地球的戏剧舞台达50多年。当她70多岁时,突然发现自己破产了。更糟糕的是,她在乘船横渡大西洋的途中,不小心从甲板上滚落,把腿部碰伤并且伤势严重,引起了静脉炎。医生确诊后,认为必须把腿部切除。他不敢把这个决定告诉波尔赫德,怕她忍受不了这个打击。可是他低估了波尔赫德。当知道这个消息后,波尔赫德注视着医生,平静地说:"既然没有别的办法,就这么办吧。"

手术那天,她神态从容地在轮椅上高声朗诵戏里的一段台词。有人问她是否在安慰自己,她回答:"不,我是在安慰医生和护士。他们太辛苦了!"

不需要很高的智慧就可以领悟:用精力和不可避免的事情抗争,就不可能再有精力重建新生。为什么车子的轮胎能经得起长途的辗磨呢?因为它不但有一定的硬度还有足够的韧性。如果我们也能像这种车胎一样,那我们也会生活得稳定和长久。

许多人经常抱怨生活不如意,却常常忘记心动不如行动。如果他们能像菲莉西亚那样执着地朝目标一步一步迈进,像杰克那样不去想生活带来的不幸,像达克顿和波尔赫德那样用积极的心态时刻提示自己,他们的生活一定会很好。只有没有尤怨的生活,才是高品质的生活。

11　为自己制造快乐

花一点时间,想想你今天所做的事,尽量记下做的一些不好的事,如:我不敢相信又把钥匙给丢了、错过电影开始的五分钟、买了一件不需要的东西、忘了买三明治的配料、忘了给朋友打电话、忘了带东西给爱人等等。这个时候,你会笑自己吗?

换一个角度,想想看你记不记得这一天当中做了哪些好事。如果你像大多数人,就算想起来一两件,也没有想到的不如意的事情多,那是不是你对自己过于苛责了,不知不觉中又导致了一种负面情绪的产生呢?

你或许会想:"哦,每个人都一样嘛!这是人之常情,没什么大不了的。"没错,不幸的是大多数人都是如此,总是将焦点集中在自己犯的错误上。但这并不能改变什么,而且他们忽略了将错误搁在心里的害处有多大,那样不但会觉得有压力、紧张,还会自我防卫过严而且冷酷无情。

我们有太多的事要去做,也有太多的错误需要弥补。为了保持平衡,必须给自己一点宽容,接受现实中不完美的一面。如果追求事事皆完美而事实上根本做不到时,就会沮丧,会觉得生活无聊透顶,身边的人也会对你敬而远之。

面对自己的错误,拥有乐观的心态,不但是一种精神境界,更是一种人生智慧。俄国著名诗人普希金曾说:"一切都是暂时的,一切也都会消失;让错误变得可爱!"如果每天都将将焦点集中在自己的过错上,很容易深陷小事,认为自己真是一无是处,人生就没有什么快乐可言了。

当你想到自己做的对的事时,你会将焦点集中在自己好的那一面,你会觉得自己有能力而且潜力无穷,你会多给自己一点机会,容许自己做错事时有改进的空间。

想到自己做的对的事,能让你变成一个更有耐心的人,对你自己或别人都更有耐心,你会想看到人生的积极面,你会知道自己或别人都在尽力而为。总之,接受生活中的不完美,会不再那么紧张、压力过重,好像有人一直跟在身后计分一样。专家的建议是:你在各方面都尽力而为后,就要放手。因为无论你有多努力,都难免会犯一些错误。下次做的不够好的时候,不要严肃地责怪自己:看,你又犯了这毛病,怎么搞的,怎么这么笨,老是学不会,难怪别人不喜欢你!要把责怪转换成笑自己:看你,又以自我为中心了!虽然是很努力了,但下次要更小心点,哈!哈!这样是不是会过得快乐一些!

当然,自我快乐的心态不是与生俱来的,是靠后天自觉自愿的磨砺和修炼得到的。这不仅靠个人努力,也靠生活在自己的圈子里的其他人的潜移默化。因为每个人都有自己的小圈子,在这个

在绝望中寻找希望

范围内是自己熟悉的事物和人,是自己所谓的"安全区域"。不知不觉中,像一只背着壳的蜗牛,动不动就把脑袋缩回去。

有的人有一种习惯:每天翻阅相同的几份报纸杂志,他们从来不尝试接受任何不同的观点。在一次科学研究中,科研人员对这种人进行了这样的心理测试:他们请一个政治立场众所周知的人阅读一份报纸的社论。社论的开头的观点与他的观点一致。读到一半的时候,观点突然来了一个180度的急转弯。通过暗藏的摄像机,科研人员发现这位读者的眼睛突然转向该报纸版面的另一部分。这个思想僵化的读者甚至不愿意了解一个不同的观点。

生活中也一样,只是接受一种风味的菜肴,便永远也体会不到其他菜肴的美妙之处。有的人想都不想就一口咬定"我这个人口重,喜欢吃味浓的食物",于是他们在清淡的食品端上来的时候,从来都不会考虑夹一点,尝尝看。他们的心目中就坚信一种观念:只有味道重的东西才好吃,味道清淡的东西不用尝,肯定不好吃。这只能算作是过去经验的一种惯性,而成为真理的可能性太小了。记得一个电视剧中的男主人公说不喜欢吃菠萝,其实只是因为这种水果外表很难看。但是当他有一天吃了弄好的菠萝以后却大声称赞:"这是什么水果,给我再来一块!"菠萝味道没有变,只不过他以前不愿尝,吃了后,才知道原来它跟想像中的不一样。

人一旦暗示自己喜欢某种东西,便会努力说服自己放弃其他的东西。可是我们根本就没有去尝一尝,又怎么知道不好呢?所以一个不会变换口味的人不会成为美食大师;一个墨守成规的人永远也不会成为一个好的创造者。

人最好不要总把自己局限在一个固定的圈子里,尤其是对周围的环境和人感到不如意的时候。因为那时候你不可能笑。所以聪明人都会让自己在思维观念上和交际、工作中,保持一颗有弹性的心灵,随时关注、接纳新鲜的血液和力量,由此会发现,笑给自己听绝不是一件难事。

12 与世无争,顺其自然

一个假日午后,一位母亲带着一家大小到山上赏花。天气分外晴朗,赏花的人好像比山上的花还要多。人影在花丛中攒动,有

在绝望中寻找希望

照相的,有吃东西的,有谈天说地的,信步走着,看在眼里真有趣。

女儿在前头蹦着跳着开道,太阳照着满山的樱花、杜鹃,照着来往穿梭着的赏花的人流,让人不由得感叹生活的美好。

不知何时,女儿扯住妈妈的衣袖,不停地摇动,她的另一只小手指着一丛红艳的杜鹃,说:"妈妈,为什么那个花不香?"

母亲愣了一下,但随意答道:"哪个花?哦!这是好看的,不太香。"

她不服气也不满意的噘起小嘴说:"花都应该是香的嘛!"

回家之后,女儿的声音缭绕在母亲心头,久久不散:花都应该香嘛!究竟这有没有道理?我们不是也常想:男人都该是伟岸君子,女人该是贤妻良母吗?我们又对不对呢?

坐下来,环视满庭花草,静静地想一想:花和草长了一院子,可是杜鹃、山茶、桂花、百合、太阳花、兰花……没有一样是跟别的花草相同的,它们都各有特色。看见迎春花便可以嗅到早春的气息;看见石榴花便知是五月榴花照眼明;桂花和红叶捎来秋意;苍松和腊梅象征冬寒。

如果我们顺着自然去要求,那么一定可以心满意足;可是,若要在夏天赏梅,春天看红叶,谅必会大失所望。人是自然的产物,也和大自然中其他生物一样各具特色,这个人适合统领三军,那个人精于舞文弄墨,各有天赋,各有使命。

人若能知道植物化草的特长,加以妥善运用,不仅能使环境增辉,更能美化生活,增添情趣。人若能像顺应花草的自然天性一样去顺应自己的能力和体力,不在自己力所不能及的事情上强出头,就能营造自己理想中的生活,展现自己理想中的自我。当然每个人都渴望拥有理想的生活,但他们认为主要问题在于生活得过于紧张,让人总觉得生活充满十万火急的紧急情况,似乎一周不工作90小时以上,就做不完应该做的事,甚至觉得会比别人少得到什么。

连大多数家庭妇女也感到人生的困惑,她们经常抱怨:"除非这房子里只剩我一人,否则它永远都干净不起来!"面对家常琐事,她们表现得过于紧张,从早到晚忙得腰酸背疼,却总有做不完的事——买菜、煮饭、洗碗、洗衣、打扫房间、带孩子……似有一支无形的手枪指着自己的后脑,一个声音命令道:"立即收拾好每一个碗碟,折好每一块毛巾……"她们总是暗示自己:情况紧急,必须立即做完每一件事!她们经常责怪家人不主动分担家务,却不考虑他们一天工作后的疲劳。

知足才能常乐,与世无争,不为生活艰辛而抱怨,别让欲望蒙蔽了眼睛,珍惜现在拥有的生活才是最重要的。确实,羡慕别人的生活没有任何意义,因为你看到的只是别人表现出来的幸福,其背后的样子你并没有看到,可能你羡慕的人也正在羡慕你的生活。所以,不要在属于你的幸福的门前徘徊,要清楚地知道,你目前的生活才是最适合你的。

13　不要吝啬真情

　　名作家哲斯特顿说过：最无聊的畏惧是怕伤感多情。人们因为怕人看见自己脆弱的一面，就装作无动于衷的样子来掩饰内心情感。心里想说的是"万分感激"，口头上却只是轻轻道一声"谢谢你"；心中的感想是"此时一别，不知何时再相逢"，但是表现出来的只是无足轻重的挥手"再见"。

　　许多人以为冷漠和不显露感情为成熟的标志。实际上，压抑着情怀，就像是生活在一个没有酒、没有音乐，或是没有炉火温暖的世界中。因为人有感情，让萍水相逢的两个人成为挚友，让人在无意中收获了很多受益终生的东西；因为有感情，才能成功地建立婚姻和家庭。婚姻必须有感情，就像是做生意必须有信誉。那是一种不可捉摸的因素，却比任何实际条件更有价值。温情从不会破坏婚姻；与之相反，平淡冷漠很容易使婚姻瓦解。

　　几乎每种有益于人类的进步，都有某一方面的感情力量为推动力。发现胰岛素的班亭医生，出身加拿大农家，小时候有个亲密伙伴——唐娜，和他一起踢球、爬树、溜冰、赛跑。有年夏天，唐娜忽然不能和他玩了，她的"血中有糖"，竟然卧床不起。班亭始终耿耿于怀。后来他学成行医，立志济人。因为他对她有那一份情感，今日千百万糖尿病患者才得以生存。

只有小人才怕暴露真实的感情,而有所作为的人对内心的温情毫不掩饰,恰似对美好的事物或美好的生活一样。诗人爱默生的娇妻去世,他每天到她坟上去凭吊,两年如一日。作为一位文坛伟人,似乎很难被普通人亲近,可是听他讲演的人都觉得他十分亲切。一个村妇在听他讲演之后说:"我们都是思想简单的人,可是我们听得懂爱默生先生的话,因为他直接对我们的心说话。"

罗斯福夫人艾莲娜有一次心有所感,向经济学家巴鲁克请教,她说:"我的头脑叫我做,可是我的内心叫我不要做,我该怎么做?"

巴鲁克的劝告是:"有疑问时,遵从你的心。如果因为遵从你的心而做错事,不会觉得太难过。"

大人物都不怕真情流露,我们为什么要怕?之所以怕,是因为我们从小就局限在生活的框框里成长。大家说:在事业上不宜动感情;科学没有感情;对自己也不可温柔多情。一定要把自身中最温暖、最好的一部分压住藏起,这想法实在是太没有价值了。

人怎样才能使感情蓬勃?怎样才能恢复似已消失的深情?

首先要问问自己,下次你再要抑制温暖和蔼的情绪时,应该反躬自问:我为什么不流露我的真情?我怕的是什么?这样做,是出于真诚,是故作老成世故,还是怕人说长道短?当然,不适当地过分流露感情并不可取,但更重要的排除猜忌怀疑,不装模作样,应对生活中亲切感人之事有所反应。

在绝望中寻找希望

也许给自己找的最多的借口是没有空闲,分秒必争的急促气氛与温柔的情怀格格不入。实际上,抽出一些时间来做那些"看来没有实际价值"的小事,却往往能够美化自己的生活及心灵。例如给远方很久不见的朋友写一封问候怀念的信,或是送人一点小礼物表示感谢等。

时间是一定有的,问题只在如何利用。

从前在某个乡村教区内,一个农民的妻子死了。她是个贤妻良母,儿女长大成人后各自离家独立,她伴着生性乖僻而沉默寡言的丈夫生活了几年,有一天在洗衣服时突然死去。在葬礼上,她的丈夫没有流眼泪,在走向坟场时,他也没有伤痛的表情。

但是葬礼完毕之后,他迟迟不走,等着和牧师说话。他把手中拿着的一本破旧小书递给牧师,伤心地说道:"这是一本诗。她喜欢诗,你能替她念一首吗?她总是要我和她一起念,我总说没有空,田里每天都有事要做。不过现在我明白了,一天不下田,并没有什么了不得。"大概非到太迟的时候,我们不会知道应该如何利用时间。多和家人交流,经常肯定和感谢对方为家庭所做的一切,一定更有利于和谐相处。如果这个农民早一点改变心态,早一点懂得流露感情,早一点说出自己的感激之情,他就不会留下如此深的遗憾。

爱人为你沏一杯热茶;邻居雨天帮你收起衣服;同事帮你将工作做得很好……面对这一切,你想过惜福与感恩吗?你吝啬过你的赞美之词吗？

有一个农妇在劳累了一天之后，为家里干活的几个男人准备了一大堆干草当晚餐。恼怒的男人们问她是不是疯了，农妇答道："嘿，我怎么知道你们会在意呢？二十多年来，我一直做饭给你们吃，你们从没说过什么，也从来没有告诉过我，你们并不吃干草啊！"

在美国曾有人做过一项对离婚妇女的调查，在对家庭生活不满意的众多原因中，比例最高的一项就是："没有人领情"。你相信吗？许多对家庭不满的男人也许也有同样的理由。虽然我们也常常心里感谢他（或她）为我们所做的一切，却从来没有说出或者不懂得如何说出自己的感激之情。不知道适时表达出自己的赞美之情是我们经常忽略的一个毛病。众所周知的著名人际关系专家卡耐基也把它列为人性的一大弱点。

在简单而丰富的日常生活中，其实只要我们稍微在意的话，很多东西都是值得赞赏的。女儿从学校里带回一份考得不错的成绩单，我们应该赞赏她，这样她会继续努力并对自己充满信心；妻子买了一件新衣服，我们应该赞赏她的眼光，这样的话，她穿起来的时候就会觉得既漂亮又迷人；当疲惫的店员耐心地拿出货物让我们一一挑选的时候，我们也应该称赞他们优秀的服务态度，她工作起来就会更有劲……但是，遗憾的是，人们常常在这个时候，认为所有的一切都是理所当然，说不出一句赞赏的话来。对这个美德

在绝望中寻找希望

的忽略,会让我们的生活不完美,因为你失去了很多别人感激你的机会,你也就失去了很多心理满足的那种快乐。

所有的这一切,看起来每个人都在做着自己应该做的事而已,没什么值得特别关注的,这种想法不能说是错,但至少是不完全正确:我们忽略了他人的努力、热情与进步,没有促进事情向更好的方向去发展。

按照弗洛伊德的说法,一个人做事情的动机不外乎两点:性冲动和渴望伟大。美国哲学家约翰·杜威认为:人类本质里最深远的驱动力就是希望具有重要性。

在社会的大网中,我们每个人在各自的岗位上织着自己的那根丝。你在使这张网更完美,同时也在享用完美的网给你带来的便利;你需要得到赞美和肯定,别人也是这样,如果大家都吝啬的话,结局就是谁也不付出谁也得不到,那有多么可怕!所以,何不发自内心,真诚地流露情感,经常对他人施以赞美之词,要知道,你说出的只是一句话,享受它的人却得到了整个春天。

第二章

走下去,你还有一双完美的脚

　　真实的人生是不完美的,几乎所有的成功都会经历很多的失败。生活中,除了不懂事的孩子,没有人因为摔了一跤就赖着不往前走。如果在失败的时候就再也不站起来了,就等于是趴在地上不往前走,这样的人生才是真正的失败,才是真正的幼稚。在经历过失败后,我们都要勇敢地站起来往前走,这样你才会成长,才会有更精彩的人生。

在绝望中寻找希望

01　更新思想，才能获得新生

有这样一个例子，一位叫罗丝的女士，有一个幸福的家庭，丈夫疼爱她，女儿喜爱她，她总是觉得自己是世界上最幸福的人。可是，有一天不幸发生了。那天她回到家里，小女儿听到她的开门声和脚步声，急忙从二楼的房间飞奔而出迎接她，像一只快乐的小鸟。她的女儿光顾着高兴，没注意脚下的楼梯，一不小心在楼梯上摔了个跟头，从楼上滚了下来，当时就死了。罗丝悲痛欲绝，整天沉浸在失去女儿的痛苦之中，看到与女儿有关的每一件东西，她都会垂泪，整个工作和生活都乱糟糟的。有位教会的老太太听说她的情况后前来安慰她，对她说："我自己没有亲生的儿女，但我照顾了很多流落街头的女孩子，她们的健康状况是我最牵挂的，每当她们生病无法医治时，我的难受不小于你，所以我能理解你的心情。现在我年事已高，照料这些孩子已经很吃力了，我恳求你来接手我的工作，将您对女儿的爱转给她们，或许这样能让你忘却自己的忧伤。"

罗丝女士考虑再三后接受了这份工作。忙碌的工作虽然不能使她完全忘记自己的痛楚，但每当看到女童们在她的照顾关爱下健康活泼的样子，她的伤痛就会大大减轻。

第二章 走下去，你还有一双完美的脚

当一个人处于一种难以解脱的精神困惑时，从原有的生活环境跳出来，让自己因关注其他的事情而减轻以往不悦的精神，无疑是一个改变心态的良方。

只有思想改变了，属于你的世界才可能有阳光照耀，只有爱博大了，你的生命才更有意义。

我们生活中绝大多数人都在过着一种循规蹈矩、平平淡淡的日子，这没有什么不好，但为什么我们觉得生活没有什么意思？这是因为我们心灵深处的某些东西受到了压抑，认为也没有什么"临危不惧的英雄本色""天降大任于斯人"等诸如此类大显身手的机会，很多人失去了激情与活力，留下的只是一种疲惫懈怠。

作家叶天蔚曾经写过这样一段话："在我看来，人生最糟糕的境遇不是贫困，不是厄运，而是精神心境处于一种无知无觉的疲惫状态，感动过你的一切不能再感动你，吸引过你的一切不能再吸引你，甚至激怒

53

在绝望中寻找希望

过你的一切也不能再激怒你,即使是饥饿感和仇恨感,也是一种强烈让人感到存在的东西,但那种疲惫会让人不住地滑向虚无。"

这是一种很可怕的状态,很容易陷入其中无法自拔。山不转路转,路不转人转。这个道理看似简单,却不容易理解。很多时候,我们已经意识到需要改变,却没有丝毫力气,只是周而复始,一直做无用的功。其实,我们都忽略了一个十分简单的道理:如果一条路走不通,为什么不换一条路往前走呢?将心态归零,回到原点,换一种方式思考模式,也许会达到意想不到的效果。

工作地点没变,你可以换换上下班的方式或乘车路线,如你每天骑自行车,今天你可以乘坐公共汽车,观察一下周围匆匆忙忙的各种表情的人群;工作内容没变,但可以换一种方式看看是否提高了效率,或许会得到意想不到的结果;周末是否全家出去看场美国大片;节假日是否狠心去吃顿大餐,体会一下到豪华场所消费的快感;安排些力所能及的旅游项目,去看看秋叶泛黄显红、万里长城的雄伟;试着动手拆装自行车、电视机,看自己是否比你想像中的还要心灵手巧;培养一些适合自己的业余爱好,坚持下去就会发现其乐无穷;搞些可能的投资活动,买点股票……

晴天雨雪,酷暑严霜,一日三餐,朝九晚五,也许生活环境难以改变,但你可以改变心情。永远怀着感恩的心情去体验造物主的厚赐,带着积极的心态去体会每一点变化的不同。你可以有无数种改变可选择,把一潭波澜不惊的死水变成欢快奔流的小溪。

02　不修改目标，只修改手段

在我们所接触的人中，有80%的人不满意他们的生活，但他们心中又缺少一个他们所满意的生活的清晰图样。可以想像那些人终生无目的地漂泊，他们胸怀不满、抱怨、反抗，但是对于自己真正想要什么，并没有一个非常明确的目标。

你是否现在就能说说你想在生活中得到什么？但是必须注意：不要让你的欲望超出你的能力。因此，确定适合你的目标可能是不容易的，它甚至会包含一些痛苦的自我考验。但无论付出什么样的努力，这都是值得的，因为只要你一说出你的目标，你就能得到许多好处，而且这些好处几乎不请自来。

邦科是某杂志社的一名编辑，他小时候就沉浸在这样一种想法中：总有一天他要创办一份杂志。由于他树立了这个明确的目标，就开始寻找各种机会，并且他终于抓住了一个机会。这个机会实在是微不足道的，以致我们大多数人都会随手丢弃，不肯多加理睬。

一天，邦科看见一个人打开一包香烟，从中抽出一张纸片，随手把它扔到了地上。邦科弯下腰，拾起这张纸片。上面印着一个著名的好莱坞女演员的照片，在这幅照片下面印有一句话：这是一

在绝望中寻找希望

套照片中的一幅。原来这是一种促销香烟的手段,烟草公司欲促使买烟者收集一整套照片。邦科把这个纸片翻过来,注意到它的背面竟然完全是空白的。

邦科感到这里有一个机会。他推断,如果把附装在烟盒里的印有照片的纸片充分利用起来,在它空白的那一面印上照片上的人物的小传,这种照片的价值就可大大提高。于是,他找到印刷这种纸烟附件的公司,向这个公司的经理说出了他的想法。这位经理立即说道:

"如果你给我写100位美国名人的小传,每篇100字,我将每篇付给你100美元。请你给我送来一份你准备写的名人的名单,并把它分类,你知道,可分为总统、将帅、演员、作家等等。"

这就是邦科最早的写作任务。他的小传的需要量与日俱增,以致他必须得请人帮忙。于是他找他的弟弟迈克尔帮忙,如果迈克尔愿意帮忙,他就付给他每篇 5 美元。不久,邦科又请了几名职业记者帮忙写作这些名人小传。就这样,邦科后来竟然真成了《名人》杂志的主编!他圆了自己的梦!

现在回过头来看,起初,命运对邦科并不是特别眷顾。然而他并没有抱怨,而是抓住机会做出了令人满意的事业。所以,我们要注意到这个事实,没有什么人会把成功送到我们手里,任何获得了成功的人,都首先有渴望成功的心态,并且付诸行动。

如果邦科的成功或多或少是靠机遇的话,那么另一个人的成功则将给我们更多的启示。

多年前,南卡罗来纳州一个高等学院早早地通知全院学生,一个重要人士将对全体学生发表演说,她是美国社会中的顶级人物。

那个学校规模不大,学生和师资相对其他美国的学校稍差一点,因此能邀请到这样一个大人物,学生都感到特别兴奋,在演讲开始前的很长时间,整个礼堂就都坐满了兴高采烈的学生,大家都对有机会聆听到这位大人物的演说高兴不已。经过州长的简单介绍后,演讲者步履轻盈面带微笑地走到麦克风前,先用坚定的眼光从左到右扫视一遍听众,然后开口道:

"我的生母是个聋子,因此没有办法和人正常地交流,我不知道自己的父亲是谁,也不知道他是否在人间,我这辈子找到的第一份工作,是到棉花田里去做事。"

在绝望中寻找希望

台下的听众全都呆住了,面面相觑,这时,她又继续说:"如果情况不尽如人意,我们总可以想办法加以改变。一个人的未来怎么样,不是因为运气,不是因为环境,也不是因为生下来的状况,"她轻轻地重复方才说过的话,"如果情况不尽如人意,我们总可以想办法加以改变。一个人若想改变眼前充满不幸或无法尽如人意的情况,只要回答这个简单的问题:'我希望情况变成什么样?'然后全身心投入,采取行动,朝理想目标前进即可。这就是我,一位美国财政部长要告诉大家的亲身体验,我的名字是阿济·泰勒·摩尔顿,很荣幸在这里为大家作演说。"

简短的演说留给人们的却是深深的思考。一个人的出生环境无法改变,但他的未来却可以靠自己谱写,关键是你要一个什么样的未来。为自己设定一个明确的目标,并付诸行动,用积极的心态去应对可能出现的各种困难,每个人的未来都会很精彩。

03　做足准备,抓住每一个机会

有些人成功靠埋头苦干;有些人成功靠一时的幸运;有些人成功靠千载难逢的机会。但有些人具备了这些却仍然与成功无缘,这是为什么呢?

很早以前,伟大的棒球手泰卡普在世界棒球锦标赛中,一口气打出四个全垒打,目前他仍是这项世界纪录的保持者。后来他把那支伟大的球棒送给他的一位朋友。有一天,他朋友的朋友来做客,有幸拿起这支球棒,并以极端敬畏的心情摆出正式球赛挥棒的姿态,力图模仿他,当然那种打击的样子绝对无法与泰卡普相提并论。

不出所料,另一位职业棒球联盟的队员对他说:"老兄,泰卡普可不是这种样子打球的,你太紧张了,一心想打出全垒最美的姿势,结果一定是惨遭三败出局的命运。"

的确,看过泰卡普比赛的人都知道,泰卡普轻松自若地在场上挥棒的姿势,绝对是美不胜收,他的人与球棒自然地结合为一体,以充满韵律的动作,诠释了从容的道理,令人震惊,那真称得上是世界上最美的舞蹈!

一位棒球队的监督,曾说过这样的话:"不论选手的打击率多

在绝望中寻找希望

高、守备多强、跑垒速度多快,如果他心中存有过于强烈的紧张感,我就会考虑淘汰他。因为,若要成为大联盟的选手,本身必须有相当的能耐,每一个动作不但要正确,更要以从容轻松的心情控制肌肉的运动,这样所有的肌肉与细胞才会富有韵律与弹性,在瞬间而发的关键时刻,才可以随心所欲地接球或挥棒。如果心里非常紧张、无法镇定下来,连带着全身的肌肉也一定随之绷紧,一旦遇到重大场面,根本无法顺利地完成应有的动作。当对方的球抛过来时,他的全部神经已经为之紧缩,又怎么能打好棒球呢?"

每个人都有梦想,每个人都想成功,但并非每一个人都有足够的决心和勇气。有些人将成功的梦想束之高阁,有些人把它供在神坛,有些人则抛之脑后,他们或认为成功只可远观,或认为成功是难以逾越的险峰,抑或认为成功不过是不切实际之人的痴言梦语。有时候想得太多,也不是好事。其实,如果他们能放下成见,将梦想付诸实践,那么成功便不再遥不可及。

凡是优秀的人,如果都能以积极而从容的心态进行工作,他们的坚定和自信会不知不觉地调动起自身最大的潜能,并与工作融为一体。当然并不是人人都有泰卡普那样的幸运和机会,但是不要忘记:消极的人等待机会,而积极的人则创造机会。

消极懦弱者常常用没有机会来原谅自己。其实,生活中到处充满着机会!学校的每一门课程,报纸的每一篇文章,每一个客人,每一次演说,每一项贸易,全都是机会。这些机会带来朋友,培养品格,制造成功。对你的能力和荣誉的每一次考验都是宝贵的机会,如果像道格拉斯这样的奴隶都能使自己成为演说家、著作家和政治家,那么,我们应该怎么办呢?道格拉斯连身体都不属于自己!

没有谁,在他的一生中,运气一次也不降临。但是,当运气发现你不具备接待它的条件的时候,他就会从门口进从窗口出了。你和它擦肩而过,是你自己没有把握住。

年轻的医生经过长期的学习和研究,他碰到了第一次复杂的手术。主治医生不在,时间又非常紧迫,病人处在生死关头。他能否经得起考验,他能否代替主治大夫的位置和工作?机会和他面面相对,他是否敢拿稳手术刀自信地走向手术台,走上幸运和荣誉的道路?这都要他自己做出回答。

对重大的时机你做过准备吗?

除非你做好准备,否则,在机会面前你只会显得可笑。

拿破仑问那些被派去探测死亡之路的工程技术人员:"从这条路走过去可能吗?""也许吧。"回答是不敢肯定的,"它在可能的边缘上。""那么,前进!"拿破仑不理会工程人员讲的困难,下了决心。

出发前,所有的士兵和装备都经过严格细心的检查,开口的鞋、有洞的袜子、破旧的衣服、坏了的武器,都马上修补和更换。一切准备就绪,然后部队才前进。统帅胜券在握的精神鼓舞着战士们。

在绝望中寻找希望

战士们皮带上的闪烁光芒,出现在阿尔卑斯山高高的陡壁上,闪现在高山的云雾中。每当军队遇到意料不到困难的时候,雄壮的冲锋号就会响彻云霄。尽管在这危险的攀登中到处充满了障碍,但是他们一点不乱,也没有一个人掉队!四天之后,这支部队就突然出现在意大利平原上了。

当这"不可能"的事情完成之后,其他人才意识到,这件事其实是早就可以办到的。许多统帅都具备必要的设备、工具和强壮的士兵,但是他们缺少毅力和决心、缺少尝试的勇气和信心,缺少好心态。而拿破仑不怕困难,在前进中精明地抓住了自己的时机。

善于为自己找托辞的人把失败归罪于没有机会,但无数成功的事例告诉我们:机会掌握在自己手中。只要义无返顾地遵从自己的心,勇于创造机会,从容面对挑战,你就会像那些屹立在阿尔卑斯山上的士兵一样,傲然屹立于自己的人生顶峰。

04　释放热情,才能点亮成就感

有资料表明,世界上有85%的人并不喜欢自己的工作,他们仅仅是为了穿衣吃饭、养家糊口,又没有选择新工作的机会,这时候许多人只是抱着应付的态度。

我们先来听一个美国作家威·莱·菲尔普斯的故事。在一个

第二章 走下去，你还有一双完美的脚

阳光明媚的下午，这位作家去逛纽约的第五大道，突然想起来自己的袜子划破了，需要买双新的短袜。至于买一双什么样的，作家觉得那是无关紧要的。他看到第一家袜子店就走了进去，一个年纪不到18岁的少年店员迎面向他走来，询问道："您好先生，您要什么？"

"我想买双短袜。"作家看到这位少年眼睛闪着光芒，话语里含着激情。"您是否知道您走进了世界上最好的袜店？"作家一愣，发觉自己从来就没有思考过这个问题，因为他的需求仅仅是一双短袜，走进这家商店纯粹就是一种偶然。少年从一个个货架上拉出一只只盒子，把里面的袜子展现在作家的面前，让他鉴赏。"等等，小伙子，我只要买一双！"作家有意提醒他。"这我知道，"少年不慌不忙地说，"不过，我想让您看看这些袜子有多美、多漂亮，真是好看极了！"

少年的脸上洋溢着庄严而神圣的喜悦，像是在向作家启示他所信奉的宗教的玄理。作家立刻对这个少年产生了兴趣与好感，把买袜子的事情置之脑后。作家略微犹豫了一下，然后对那个少年说："我的朋友，如果你能一直保持这样的热情，如果这份热情不只是因为你感到惊奇，或因为得到了一个新的工作或是因为见到了一个看似想买袜子的人——如果你能天天如此，把这种热心和激情保持下去，不到十年，你会成为美国的短袜大王。"

大多数人都是应付工作的，除了工作的前几天能够给他们带

在绝望中寻找希望

来从未经历过的新鲜感觉之外,他们可能从来就没有用满怀激情的心工作过。尤其像这种卖袜子的职业,更是让大多数人嗤之以鼻,更别提产生什么长久的关注与热情了。但是可怜的是,你做工作连起码的情趣都失去了,还怎么可能有所成就呢?

罗素说过:"在现实生活中,建设性劳动的快乐是少数人特有的享受,然而这少数人的具体数字并不少。任何人,只要他是自己工作的主人,他就能够感受到这一点。其他所有认为自己工作有益且需要相当技巧的人均有同感。没有了自尊就不可能有真正的幸福,而对自己工作引以为耻的人是没有自尊可言的。"

当事情没有选择、无法改变时,至少还有一点可以选择:改变心态,选择自己是去投入地享受还是被动地受折磨。任何人都清楚两者的价值差异,价值产生信心,信心产生热忱,而热忱则能征服世界。

我们在生活中,都有可能被命运给予一些自己本来不希望拥有的东西,这时我们需要选择的就是享受它还是被它所累。人人都希望命运给自己的是黄金和钻石,但是命运恰恰给了我们一个柠檬。怎么办?大多数人会说:"我完了,这就是命运,我连一点机会都没有了。"然后,就开始诅咒这个世界,甚至可能把这个仅有的柠檬也给抛弃了。

美国芝加哥大学的罗勃·梅南校长在谈到如何获得快乐的时候曾经如此说过:"我一直尝试着遵照一个小小的忠告去做我的事

情,这是已故的西尔斯公司董事长裘利斯·罗山告诉我的,他说,'如果有个柠檬的话就想一想如何做柠檬水。'"

住在美国佛吉尼亚州的一个农夫,出巨资买下了一片农场之后突然发现自己上当了,因为这块地糟糕得既不能种水果、蔬菜,也不能养猪、养鸡。这里能够存活的只有白杨树和响尾蛇。在一番沮丧和悔悟之后,他意识到了一点,要把这块坡地的价值利用起来——那些响尾蛇是关键。他的做法令每个人都很吃惊,因为他居然做起了响尾蛇罐头。几年后,他的生意已经遍地开花,每年到他农场来参观的人达到几万人次。除了把响尾蛇的肉做成罐头进行销售以外,他又把从响尾蛇中取出的蛇毒,运送到各大药厂去做蛇毒的血清,把响尾蛇的皮以很高的价钱卖给厂商做鞋子和皮包。由于他独到的眼光和天才般的贡献,他所在的村子现在已经改名为响尾蛇村了。

威廉波里索曾经忠告世人:"生命中最重要的一件事情,就是不要拿你的收入来当资本。任何傻子都会这样做,但真正重要的是要从你的损失中获利。这就必须有才智才行,也正是这一点决定了傻子和聪明人之间的区别。"

大多数人不幸被威廉波里索言中,根本没有想过如何从损失中创造性地获得利润。事实上,我们也许并不缺乏把不利因素化为有利因素的能力,缺的是心态。我们把大部分的时间都耗费在无聊的痛苦上,反而舍不得花点脑力,想个办法来研究柠檬的特性，所以我们从来都不曾做出一杯柠檬水，更谈不上成功。

万事俱备，只欠东风，只是一种美好的想像而已。任何时候，我们都不太容易具备完全理想的条件和资源，惟一能够抓住并有效利用的就是手上可供支配的这些资源，无论是金银珠宝还是废铜烂铁，不要气馁，不要埋怨，不要随手将它们抛弃，它们也许就是你走向成功的最原始的支点。

尼采对超人的定义是："不仅是在必要的情况下忍受一切，而且还要喜欢这种情况。"从无数成功者的历程中可以看到：他们刚开始的起步条件并不比我们优越多少，甚至还不如我们，他们所不同的是没有在痛苦、抱怨中沉沦，而是用积极的心态暗示自己：我还有机会。于是充分利用现有的这点资源努力进取，甚至把缺陷也做成了"特点"，慢慢地，他们也就创造、积累了更多、更好的新资源。

福斯狄克说过，"快乐大部分并不是享受，而是胜利。"是的，这种胜利来自于一种得意，一种热情，一种成就感，也来自于我们能把柠檬做成柠檬水。当命运交给我们一个柠檬的时候，就让我们用热情做榨汁机，为自己也为更多的人，试着去做出一杯柠檬水！

05　果断处事，不推卸责任

果断和优柔寡断是相对的两个词，一个果断的人和一个优柔寡断的人在面临考验时的反应和结果也是截然相反的。

吉姆是某一段铁路的发报员,工作认真,待人态度亲切,没有人不喜欢他。更让人敬佩的是,他24岁就当上了这一路段的分段长,是最年轻的一个。他的升职取决于他的果断和责任心。

在他未升职之前,发生了这样一件事:

那天早晨,他像往常一样来到办公室发报纸,刚一进来,就听到同事们说一辆被撞毁的车身阻塞了路线,铁路运输已陷入了大乱。电话铃声响个不停,许多赶火车的乘客急得团团转,纷纷质问到底出了什么事,为什么没有人解决?按照铁路的有关条例规定,遇到紧急情况,只有铁路分段长同意才能调车,没有分段长的书面或口头同意,任何人擅自执行都会受到处分或革职。

同事们之所以不敢有所行动,是因为分段长约翰不在,没有人愿意被革职,也没有人愿意承担责任。

眼看着堵车的情况越来越严重,货车全部停滞,载客特快也已因此而误点,而分段长依然是找不到。如果事情继续发展下去,会影响整个铁路运输系统。看到心急如焚的人们,吉姆再也顾不上许多了,他毅然在同事们胆怯的目光下发出调车集合电报,在上面签上了约翰的名字。他的举动的确破坏了铁路最严格的规则中的一条,如果查实,他将离开铁路系统。没有人敢于承担这样的后果。只有吉姆断然决定这样干,并且说一切后果由他承担。

不一会儿,拥堵的道路畅通了,约翰也回来了,各项事务都顺利

在绝望中寻找希望

如常了。吉姆告诉了他整个事件的经过,等待着他的批评和处分。约翰只是笑了笑,什么也没说。同事们感到很惊奇,问约翰为什么不照规则办事,今后还会有人服从规定吗?约翰严肃地说:"在规则能解决问题时,按照规则办,当规则不能解决问题时,我们就要想办法。果断和有责任感的人永远不该受到指责。"不久,吉姆被升任为约翰的私人秘书,24 岁时,他便成为这一铁路的分段长。

果断的人从来都不缺乏对事物的准确估计和判断,因此他们永远清楚地知道自己需要什么,能为别人做什么。但偏偏有这样一种人,当别人征询他的意见时,他不清楚自己的确切需要,便说:"随便怎么都行。"然而,等结果出来后,他却又不停地抱怨,让他做决策时,他又犹豫不决。

美国盲人作家吉姆·史都瓦有一回搭乘飞机,坐在他旁边的是一个非常喜欢抱怨的人。作家甚至认为如果奥林匹克有抱怨比赛的话,他可以轻松地拿到一块金牌。当空中小姐来询问他们两个要吃鸡肉还是牛肉的时候,作家回答:"鸡肉。"那个爱抱怨的人则表示:"都可以。"

不一会儿,空姐端来了作家要的鸡肉,端给那人一份牛肉。接下来的 20 分钟,作家的耳朵在那个人不断喃喃抱怨他的牛肉有多难吃中痛苦地煎熬。那个爱抱怨的人完全不了解,这顿难吃的晚餐是他自己决定的。表面上看,这是空姐帮他挑的晚餐,但实质上,是他将自己的选择权交给别人的。

任何一项决策都会受到当时获取信息的完善程度与心态的影响。也许这个决策并不是最好的选择，但总得去做，才知道对错。即使真的做错了，那就拿出责任心，勇敢地承担，只有这样，才能一次比一次做得更好，也才会养成果断做决策的习惯。

通过观察可以发现，那些有担当的成功人士往往都是富有责任感的人，这些人对自己、对亲人、对朋友乃至对社会都有很强的责任感。比尔·盖茨、巴菲特、迈克尔·戴尔这些人大家都很熟悉，他们都是很有责任感的人，他们认为自己应该有回报社会的责任，正因如此，他们才承担起慈善事业，才获得了全世界的认可。种种经验告诉我们，一个富有责任感、能够主动担当的人更加容易取得成功，同时也更能赢得他人的尊重。

06　自嘲，是一种保护自己的手段

无论是什么人，都需要财富。不管你的年龄、文化程度、职业如何，都依赖于财富为你解决衣食住行。但财富有两种：一种是有形的，它是金钱；一种是无形的，那就是好心态。

自嘲就是好心态的一种，它可以指引你取得你要寻找的财富，如果每个人都能从好心态出发，向前迈出你的第一步，接下来的每一步都会让你缩短和财富的距离。

在绝望中寻找希望

　　这个故事的主人公叫奥斯科,他在气温高达43摄氏度的西部沙漠地区已经待了半年多,正在为一个石油公司勘探石油。

　　奥斯科毕业于麻省理工学院。他运用学到的知识把旧式探矿杖、电流计、磁力计、示波器、电子管和其他仪器组合连接成勘探石油的新式仪器。可惜他所在的公司因无力偿付债务而破产,他失业了,前景相当暗淡。奥斯科踏上了归途。

　　他在俄克拉荷马州首府俄克拉荷马的火车站上等候火车。由于必须在火车站等待几个小时,他就百无聊赖地在那儿架起他的探矿仪器用以消磨时间。仪器上的读数表明车站地下蕴藏有大量的石油。但奥斯科不相信这一切,他在盛怒中踢毁了那些仪器。

　　"这里不可能有那么多石油！不可能有那么多石油!"他十分愤怒地反复叫着。他的坏情绪使他真正领教了什么是"坐失良机",他一直寻找的机会就躺在他的脚下。

　　那天,奥斯科在俄克拉荷马城火车站前,把他那勘探石油的新式仪器毁弃了,他也丢掉了一个全美国最富饶的石油矿藏地。不久之后,人们就发现俄克拉荷马城地下藏有石油,甚至可以毫不夸张地说,整座俄克拉荷马城就浮在石油上。

　　尽管这一次奥斯科与有形的财富擦身而过,但是他还拥有无形的财富,那就是一份好心态,所以没过多久,他已经能够坦然面对这次失败,并对试图揶揄他的人自嘲道:"至少这件事让我知道了自己不是洛科菲勒。"

第二章 走下去,你还有一双完美的脚

生活中,几乎每个人都会遇到一些让人难堪的局面,遇到窘境,如何冷静应付,调整心情呢?专家告诉我们:"自嘲"是一剂平衡心理的良药。

古代有一个人叫王,自视不凡,一向不敬重司徒蔡谟。

有一天,他和朋友刘去蔡谟家做客,交谈中提及官府中有买官位的人,便问蔡谟买一个司徒官位要花多少钱。他的朋友刘也语出不恭,随声附和追问。

蔡谟并未恼怒,而是推说自己记忆不好,不记得捐给皇上多少钱,改日上朝替他俩问一下皇上,封一个司徒这样的官位要收多少捐银。王自知无趣,又转移话题问蔡谟跟贤士王夷甫相比如何,蔡谟立即回答自己不如王夷甫,王以为有机可乘,便追问蔡谟何处不如王夷甫,蔡谟回答:王夷甫身边没有你们这样的人。

蔡谟用机智和恰到好处的自嘲,反讽了嘲人者,使其自取其

在绝望中寻找希望

辱。其实,在现实生活中可以用自嘲来化解不利情形的时候也很多。

比如:当你在经济上受到不合理的待遇时;你的生理缺陷遭到别人的嘲笑时;在某些行为不被别人理解时。如果是一些非原则的问题,可以装装糊涂,为心灵增加一层保护膜;在时机适当时也可以如前所述,反戈一击,还以颜色。

学者周国平曾说过:自嘲使自嘲者居于自己之上,从而也居于自己的敌手之上,占据了一个优势的地位,使敌手的一切可能的嘲笑丧失了杀伤力。

苏格拉底是古希腊伟大的哲学家,他曾经说过:"我只知道自己一无所知。"

人们经常会因为某种优越感。优越感的存在与人们的追求都是很正常的,但是,许多人的优越感膨胀得非常厉害,甚至都已经占据了一个人的思想,这样就会使人失去平衡,迷失方向,甚至会导致人生的悲剧。优势、某种能力、某种财富、某种成就而产生优越感,人们总是不断地在追求这样的

在人生的旅途上,几乎每个人都会遇到一些让人难堪的场面。这时你如果能沉着应对,学会自嘲,就会变被动为主动,保持心理平衡。

学会了自嘲,你就会拥有一种无形的财富,一副百毒不侵的健康的体魄,一个健康的心态。

07　健康心态助你成功社交

这是一个关于心理暗示的实验：心理学家将6个人分成两组，每3个人为一组。两组人员分别给同一位女士打电话。但事前告诉第一组的3个人说：对方是一个呆板、枯燥、冷酷、乏味的人；告诉第二组的3个人说：对方是一个活泼、开朗、热情、有趣的人。

结果，发现第一组的3个人与对方的交谈很短也很不顺利，甚至其中一名组员差点和对方起了争执；第二组的每个人都与对方谈得很投机，通话时间也比第一组的时间长。

我们知道，在这个实验里，两组人员面对的是同一个人，对象没变，但却得出了截然相反的结果，这就是心理暗示的威力。它使你产生了事先的预期或看法，这看法又决定了你的交往心态，而你的心态又使你的语言信息和非语言信息都受到了事先暗示的影响。

在这样的连锁反应面前，你很难迅速做出并且运用自己的正确判断，于是，你轻易地成了心理暗示的俘虏。

培养成功社交心态的第一大忌是抱守成见。而这成见直接来自别人不负责任的心理暗示和你自己不成熟的第一印象。

作为一个坐标与基准，这些成见会影响到你对对方以后一切

在绝望中寻找希望

言行的判断。如果你的社交心态确实如此的话,天知道你会得到什么或失去什么。但有一点可以肯定的是,你的朋友会越来越少。

培养成功社交心态的第二大忌是防止自动出局。

生活中有一个有意思的现象,就是越是优秀的、有才能的人越容易遇到恶意的指控、陷害,更经常会遇到种种不如意。有的人会因此大动肝火,甚至完全失控,最终遂了害人者的意,把事情搞得越来越糟,以至在对手面前判了自己的"自动出局"。而有的人则能很好控制住自己的情绪,泰然自若地面对各种刁难和不如意,使自己立于不败之地。

霍华德出生在上个世纪30年代早期的美国,经过一番奋斗,成了一位很有才华的大学校长。在亲友的怂恿下他准备竞选州议员,而且看起来很有希望赢得选举的胜利。

但是,在选举的过程中,有一个很小的谣言散播开来:在他任

第二章　走下去,你还有一双完美的脚

教务主任期间,曾跟一位年轻女教师"有那么一点暧昧的行为"。这实在是一个弥天大谎,霍华德对此感到非常愤怒。

由于按捺不住对这一恶毒谣言的怒火,在以后的每一次聚会中,他都要站起来极力澄清事实,证明自己的清白。

其实,大部分的选民根本没有听到过这件事,但是经过他的一再申辩,现在人们却愈来愈相信有那么一回事,真是愈抹愈黑。

记者们也振振有辞地反问:"如果你真是无辜的,为什么要百般为自己狡辩呢?"如此你来我往的问答决不亚于火上浇油,使得霍华德的情绪变得更糟糕,也更加气急败坏。

于是,戏剧性的场面出现了:只要有机会,霍华德一定声嘶力竭地在各种场合下为自己解释并谴责谣言的传播者,反而没有机会提及自己的竞选纲领和措施,给了对手可乘之机。

然而尽管如此,却更使人们对谣言信以为真。最悲哀的是,连霍华德太太也开始转而相信谣言,夫妻关系因此受到影响。霍华德在谣言面前的"自动出局"导致了竞选的惨败,使他从此一蹶不振。

这样的人,心态是不健康的,看外界总是有问题,总是比看到自己内在的问题容易很多;他们往往把错误归咎在别人身上,不会检讨自己。一个总是背对着太阳的人,只能看见自己的阴影。可以将人的眼睛比作傻瓜相机,最怕背光照人相了,因为即使你的脸庞再美,只要背着光,就一定是件失败的作品。

在绝望中寻找希望

作为一个社会人,必须懂得顺应环境,这种顺应并不等于完全屈服,而是不惜多做些迂回甚至退几步,目的只在于取得最后的胜利,而不是莫名其妙地"自动出局"。

08　做好自己,是对非议的最好回答

有一句名言:走自己的路,让别人说去吧。

这句话常用在不被人理解时的自我心态调节。的确是这样,一味地关注别人的态度,会使自己失去原有的工作和生活准则,让自己陷入不必要的痛苦和烦恼之中。

小许的父母都是国家的领导干部,他家是一个典型的高干家庭。从小到大,赞扬与微笑一直包围着他。上学时,班干部选举他总是"要职",老师也特别喜欢他,常常有个别老师热情地邀请他去自己家中,给他"开小灶",因此,他的学习成绩总是名列前茅。就这样他顺利地完成了中小学的学校生活,跨入了大学的门槛。

千万别以为是他的父母为他铺平了学习之路,其实小许不是那种依仗家势的"纨绔子弟"。他学习勤奋努力,乐于助人,生活朴素大方,在校期间是学生会干部,工作确实较为出色,同学们也十分佩服他,认为他是凭着自己的实力取得这样的成绩。可是,仍免不了有些素质差、心眼小的学生说出些风言风语,说他之所以一切

顺利,是因为他有个好家境。

带着荣誉和少许的议论,小许的大学生活就这样结束了。他顺利地进入了一家全国知名的企业,并进入了最有潜力的部门。

小许并未因此而得意忘形,在工作上,他兢兢业业,一丝不苟,与同事的关系处得很好。而且在工作之余他没有放弃学习,不断吸收新知识。于是两年内小许连升两级,担任了项目副主管,他是公司成立至今提升最快的项目负责人。

明眼人都明白这是小许平时的勤奋得到了回报,所有的成绩都是他努力的结果。但还是有的人在对他的赞扬声中掺杂了些许其他的声音:

"谁不知道他爸爸是干部呀,没有老子撑腰,这么年轻能爬升得这么快吗?"

"啊,难怪……"

小许可以不去理会人们的私下议论,但有些话传到小许耳朵里时,他还是感到不舒服。他不像从前那样有说有笑了,甚至变得沉默寡言。他自认为只要不开口,时间一长大家会理解的,哪知,他的少言并没有减少议论的话语,大家反而说他官大就不认识人了,他觉得工作的环境越来越压抑。

他每天工作都小心翼翼,很少出办公室面对同事们,怕自己哪句话说不好大家又议论他。对于上级交代的工作任务,总是前思后想,难以决定,怕伤害到哪一个同事的利益,遭到背后的指点。

在绝望中寻找希望

他的工作积极性不再那么高了,业务质量也下降了,信心一落千丈,做事畏首畏脚。他整天思考的问题就是:"他们是不是又在背后议论我了?"这个问题令他苦不堪言,他整日惶惶不安,使原本和谐的生活不再充满情趣。

"人在风中走,难免身着沙",一个人处在一个群体中,不可能不被议论,我们既是别人的谈论话题,也是谈论他人的一员,因为你的生活范围决定了你行为和结果的内容。

嘴长在别人身上,想要别人不谈论你,除非你不是这个集体中的一分子,和众人没有利害关系,做个隐形人最合适,但这根本不可能实现。

如果一个人总是活在别人的荣誉标准和成败眼光中是非常痛苦的,更是一种悲哀。人生原本就特别短暂,真正属于自己的快乐更是很少,为什么不能为了自己而真实地活一次呢?我们要尽量让自己时刻保持冷静的头脑,不管遇到什么,只要有一颗宁静的心,自然可以做到宠辱不惊。

任何人的成功都会伴随着一些坎坷,凡是有所成就的人,定在某些方面有所失,其行为也常常不被众人理解。行走在通往成功的道路上,你会发现,当你取得成绩时,不了解你的人,会忽视你的努力,而在你成功的过程上添加他们认为合理的因素。这是你总要面对的,想要人人都理解你,根本不可能。你要做的是,别去理会,用实力改变他们的想法。

一个人既然不能脱离群体而独立存在,那么就想办法融入其中。与同事融洽相处是一门学问,最重要的是真诚。当他们工作中有困难时,你应该在你能力范围内及时予以帮助;置之不理,冷眼旁观,甚至落井下石,那样的同事关系永远是冷漠的。当他们遇到问题需要询问你的意见时,用你的所知所解告诉他们,即使说的不好或并不适用,他们也会感动你的"听",一个肯"听"别人的人还会招人讨厌吗?如果他因心情不悦说话办事时冒犯了你,但并没有跟你说"对不起",你要保持冷静,以无所谓的态度,真心真意的原谅他;如果今后他有求于你时,你应该不记前嫌并毫不犹豫地帮助他。

那有人会说:"我为什么要这样忍辱负重?那样一点个性都没有,即使我这样,他们还议论我怎么办?"继续原谅,让宽容的心包容一切。你是他们的同事,除了睡觉你每天的大半时间都是跟他们在一起。如果不与他们处好关系,整天郁闷不堪,那意味着你失去了一天中获得快乐与满足的大部分时间。

在竞争日益严重的今天,不相识的人之间都存在激烈的竞争,何况同事呢?同事之间存在竞争是很正常的现象,在一个没有竞争的公司只会使人的斗志渐失。有竞争才有激情。但是,一味的强调竞争,也会使人压力重重,使竞争的意义不再单纯,出现不可避免的摩擦。因此要懂得如何把因竞争带来的摩擦降到最低程度,学会把竞争导向对自己有利的方向。

在绝望中寻找希望

小许的情况在现在的企业公司并不少见，年纪轻轻，职位高就，当然会受到一些资深职员对他能力与成就的怀疑猜测，在背后议论他的家世，在工作上与他较劲，在其他事情上故意为难。从心理学上讲，这是一种发泄，是为求得心理平衡采取的不理智方式。公司的大环境是这样，如果无力改变，就去适应，协调与同事的关系，因为与同事很好地合作有着不可轻视的作用。

所以，当有人在背后议论你时，你最应该做的就是调整自己的心态，静下心来想一想，是否自己也有做得不妥的地方，发现后迅速改正，让所有的议论声随着时间消失。客观理智地对待他人的背后议论有助于树立自己的好形象，有助于事业的成功。

09 争吵，也是一门艺术

你会正确地争吵吗？你知道争吵也是有学问的吗？在生活中，争吵随处可见，但是会争吵的人并不多，吵来吵去，甚至不清楚吵的是什么。生活中需要适当地争吵，请看下面这两个例子：

"我们从来不吵嘴。我丈夫和我都是平静随和的人，但我总觉得有点不对劲，缺少真正的交流，似乎我们之间已经没有爱情了。我不知道问题出在哪里。"

"我们为一点小事情就可以争吵一番，这简直可笑！可就是怎么也避免不了。这也使我们彼此感到厌倦。因为孩子的缘故,我们不想离婚,可我也不清楚我们吵到什么时候是头。"

其实,争吵是最直接的沟通。争吵对于正常的人与人之间的关系是必不可少的。没有争吵,关系就不会健康地发展。关系越密切,争吵也就变得越为重要。千万不要把争吵当作坏习气压制下去。这样的话,矛盾依然存在,而且会随着时间的推移使人与人之间的关系变得不正常。

推心置腹的争吵能使友情进一步巩固,从不争吵的伙伴心里最清楚,他们之间的关系是容易破裂的。只是为了维持关系,他们才小心地避免争吵。

但怎样争吵才能恰到好处呢?

首先我们要把"善意"争吵与"恶意"争吵区别开来。恶意的争吵就像在泥潭中的格斗,引起争吵的问题往往被搁置一旁,争吵的人只是为互相攻击,结果也无非是两败俱伤、精疲力竭。善意的争吵是围绕着问题的焦点,遵循着一定的规则把话讲出来。下面是几条提示,它们被证明在争吵过程中是很值得遵循的:

(1)公平地争吵。注意不要给对方造成心灵的创伤。每一个人心理上有一条防线,对别人的攻击是不能超过这一界限的,否则就会使矛盾激化、使人歇斯底里。当然也有一部分人异常敏感,总觉得自己受到了伤害。这一类人需要锻炼,学会容忍别人的攻击,增强心理承受能力。

在绝望中寻找希望

（2）诚恳地争吵。应该把自己的缺点表现出来并同时尊重别人。伙伴之间的争吵不像拳击赛那样有不同的重量级别。如果强者想用简单粗暴的方法把弱者吓唬住，那么这样的争吵就决不会有好结果。在善意的争吵中根本不存在着"胜利者"和"失败者"。

（3）不要为私生活争吵。私生活与争吵是水火不相容的。私生活问题虽然应公正的解决，但却要十分小心地进行商谈。为私生活争吵只会暴露双方最丑陋的一面。

（4）有目标地争吵。每一次争吵都应有一个目标，也就是说要解决特定的问题。一切都应围绕着这个目标进行，不要牵涉很多，去算陈年老账。在争吵中即使达不到意见统一，也一定要阐明各自的观点。

（5）现实态度。为陈年老账争吵是没有丝毫意义的。善意争吵的起因永远是现实问题，是当时、当地发生的问题。

以上是五条基本的准则,需要补充的是,在争吵中尽量避免使用不恰当的语句,例如:"这简直是胡说八道!"如果他真是在"胡说八道",那你还有什么必要同他继续争下去呢?

另外,还要避免使用"没有一次""总是"等这一类词。例如说:"你没有一次准时回家!"或:"你总是最后一个完成工作!"这两句话表达的都不可能是事实。这样的话只能激怒别人,导致双方心存不满,使矛盾加深。

生活中有很多问题,都可以用和平的方式来解决的,但矛盾激化,双方的情绪不受控时,上升为口舌之争,其实,这种冲突都不是当事人的本意。恰到好处的争吵是一门艺术,是生活的一部分。不管你愿意还是不愿意,在人的一生中争吵是免不了的。人们要学会去驾驭它,使它为自己的生活服务。

10 保持婚姻的幸福感

埃斯顿和劳迪已经结婚十年了,但他们的感情却宛若新婚,令周围的朋友羡慕不已。埃斯顿在工作之余总是主动地分担家务,忙碌之后,两个人总是互诉衷情:埃斯顿非常感激劳迪给了他想要的生活;劳迪也无限憧憬能换到一所大房子里住,那样她将更幸福。

在绝望中寻找希望

　　劳迪的无心之语成了埃斯顿的心病。他跟自己的好朋友力兹聊天时说出了心中的渴望：想买一所大房子送给劳迪，作为结婚十年的礼物。

　　"那你还等什么呢？"力兹问。埃斯顿沉思着回答："我还没有存够这笔钱。"力兹马上回答："我们周围有很多人生活得不开心，因为他们不知道自己想要什么。你知道你想要什么，没存够钱又有什么关系呢？你有没有试着多走一些路呢？"力兹的话启发了埃斯顿，他立即行动起来。

　　一个多月之后，力兹被邀参加埃斯顿夫妇的十年婚庆。当他按照地址找到埃斯顿夫妇的新家时，劳迪迎上来兴奋地说："我想做的第一件事就是感谢你。"

　　看到力兹的不解，埃斯顿解释说："我听了你的话，多走了一些路，买了这所新房子。"力兹仍在疑惑地摇头，埃斯顿接着说，"你应该知道，我的存款很有限，而这个房产的价值超过了50万元。但我多走路的结果是：不但得到了新房子，而且住在新家的费用比住在旧家的费用还要少些。"

　　"这是为什么呢？"力兹忍不住问。

　　"是这样，我抵押了旧房子得到资金，然后买下两层房间，当然在财产上它相当于一所房子。然后再将其中的一层租出去，租金足以偿付整个房产的分期付款。"

　　故事并不惊人，一个家庭买了两套房，出租一套，自住另一套，这是很普通的事情。但它却有力地说明了：如果你想获得你想要的东西，就要积极准备，一旦看准了目标就立即行动，并且要勇于"多走些路"。

如果你有值得追求的目标，你只须找出达到这个目标的一个理由就行了，而不要去找出你不能达到这个目标的几百个理由。你的思想决定你的心态，你的心态也就决定了你的目标是否能够实现。

对大多数人而言，拥有豪宅、名车和挚爱的伴侣是世间最吸引人的事情。事实上，吸引人的东西之所以吸引人，它的对象不光是对它充满了渴望的人，而是对于所有的人都会有一种心理撩拨的作用。婚姻是双方长相厮守的承诺，但许多时候，各种机缘巧合，会有一位非常迷人的异性进入我们的视线或生活，这个时候就需要你有足够的智慧去分辨这样的目标会不会是一个危机四伏的诱惑。

有一部好莱坞大片叫做《桃色交易》，片中讲述的是一对年轻夫妇的爱情故事。这对夫妇本是令人羡慕的一对，男的英俊潇洒，女的温柔漂亮，他们都受过很好的教育，有着不错的职业，两人非常恩爱，为了小家庭而努力工作。然而天有不测风云，经济大萧条来了，他们先后失业，一个月后，也将失去他们分期付款的房子。就在此时，一位亿万富豪闯入了他们的生活，这位富豪风度翩翩，优雅迷人，他对貌美如花的女主人公一见钟情，提出愿出100万元

在绝望中寻找希望

来与她共度一个良宵。起初,这对夫妇毫不犹豫地拒绝了他,但随后却陷入巨大的矛盾之中:就一夜,即可彻底摆脱目前所有的困境;而且在婚前又不是没有过别的约会……最后女主人公去了富豪的游艇……

但在这一夜后,两人无论如何也找不回原来恩爱的感觉,再没有从前的默契,心里都有一种失落感。是女人为家庭做出了牺牲还是没有经受住诱惑?答案已经无法深究。两人分手了,那100万元也没有带来他们渴望的喜悦。当然,影片的结尾是两人经过一番波折后,又重归于好,因为他们仍然深爱着对方。

这种"桃色交易"只是电影中的一个故事而已,但不可否认的是,现实生活中我们也会有毫无预料的情况下经受婚姻外诱惑的考验。我们彼此深爱着对方,但却有位新的异性吸引了我们的目光。这种吸引是否正常?是否道德?应该说,这种吸引是正常人的正常反应。吸引毕竟只是一种心理上的反应,它使我们产生了一种对美好事物追求的幻想。但千万不能随便把这种幻想当成可以达到的目标而不顾一切地追求,这种追求是盲目的不负责任的,尤其在婚姻感情方面,因为一时情绪冲动做出有违社会道德的事,是非常愚蠢的。结婚是一种事实,但是它不会使我们深藏的人性完全隐匿起来,对于美的追求,对于刺激的向往都是时常可能发生的事情。尽管一个人可以被成千上万不同的人挑逗,例如,很多人会因为看到自己喜欢的电影、喜欢的明星而感到兴奋,但是大多数人绝对不会为享受这种情欲的幻想而毁了自己幸福的婚姻。作为婚姻的另一方,也应该对这种情绪的产生有所准备。毕竟我们每个人不可能同时具备那些吸引人的所有要素,所以当自己的妻子或者丈夫产生这种幻想的时候,我们不要过于气愤和紧张,不要过度地干涉,而要充分相信自己,相信对方的理性,相信共同的感情基础。

世间流传着这样一个传说,即在很早以前男女是合体的,但是由于某种原因触犯了上天的神灵,被天雷劈成了两半。所以人的一生都在寻找他(她)的另一半,尽管路途遥远而艰辛,尽管有的人找到了,有的人没有找到。而电影和电视剧也常顺着这个思路不断地重复相同的情节:有个特别的人在这个世界上的某个地方正在等着自己,当我们遇到这个冥冥之中注定要和我们在一起的人时,毕生的幸福就会降临在自己身上。当我们和这个人结合在一起的时候,我们不仅彼此深爱着对方,而且会忘了别人的存在,无视于别人的魅力。

这是一个多么幼稚的想法和逻辑啊!美丽动人的女人,英俊潇洒的男士都或多或少地会在我们心中激起一丝异样的感觉。只是人是有理性的动物,应该考虑自己的责任和做人的原则,不应像飞蛾扑火一样,为了一时的冲动,就可以做出不计后果的事来。你可以"恨不相逢未嫁时",留下一份美丽的遗憾,恢复你正常的生活;你可以把他(她)当作偶尔投影在你心波的云彩,珍藏那一美丽

在绝望中寻找希望

的瞬间,潇洒地挥手走人。当然,你也有权利重新选择,进行家庭的重新组合。你确信现在的爱人不值得你去厮守,你是否应抛开一切去找寻你的幸福?当另外一个吸引人的异性出现,你会不会再重新选择?即使你想清楚了,做出这样一种决定,也一定要正大光明地讲出来,万不可苟且行事。

客观的诱惑是存在的,盲目的逃避是一种胆怯,频繁的追求是一种放纵。对爱要有一个正确的心态,要正视自己的婚姻,对自己及他人负责任。

11 该放下时就放下

太多的事情,即便是些好事,也会让人觉得承受不了。不论你

第二章 走下去，你还有一双完美的脚

多喜欢社交活动，也不论你多喜欢和朋友在一起，但是看到日历簿上有一段属于自己的空白时间，你心中会很奇妙地有一种安详宁静的感觉。那段时间是完全属于自己的，可以想做什么就做什么，也可以什么事都不做。在日历上留一些空白时间，会给你一种平静的感觉，感觉找到了心灵的归属。在不知道给自己留时间之前，永远找不到时间去做自己真正想做的事。但是只要能为自己留一些空白时间，就能为自己做一些事，而不只是做别人要求你做的事。通常伴侣会要求你做一些事，孩子也经常需要你帮忙，包括邻居、朋友与亲友请求你为他们做些什么，甚或陌生人的恳求也是不断的，譬如电话拜访或推销员的打扰等等，感觉上好像每个人都想侵占一点你的时间，你一点空闲时间也没有。

很好的解决之道是与自己订下约会，就像与情人或客户订下约会一样。除非有天灾人祸，否则一定要坚守约定。和自己订约会的方法简单方便，在日历上画出几个不让任何人打扰的空白日子即可，除非是有特殊的意外发生，任何人都不能抢走这段时间。也就是说任何人要求这段时间做任何事：朋友的拜访，给某人打电话，或是客户需要帮忙……任何事都不行，因为已经有计划了，而这个计划是跟自己在一起的。在这个月接近月底的时候，再找另一天划掉的空白日子，那也是个和自己约会的神圣时光，要确定那天绝不会被别的事填满。不难想像，坚持和自己约会是需要时间慢慢去适应的。刚开始这么做时，心中可能会有些不安，好像自己

89

在绝望中寻找希望

在消磨时光,错失良机,甚至自私自利呢!尤其是当日历上还有空白时,实在很难跟别人说自己没时间!不过事实证明和自己订约会是件很有意义的事,相信试过之后你也会这么认为。

　　让日历中的留白成为生活的一部分,也会是自己最珍惜最愿意保留的重要时光。但这并不是说工作不重要,或是觉得与家人在一起的时光没意思。而是这段时光对心灵有平衡与完善的作用。缺乏了这样的时间,你一定会成为一个背负太多的人,因此很容易变得暴躁易怒、沮丧不安,似乎失去了自我。所以为了避免这样的情形出现,你可以从今天开始与自己订约会。挑选一段固定的时间,某天的某一小时,或一周一次或一个月一次都可以,而且时间长短不拘,就算只是十几分钟也可以,重点在它属于你一个人,完全归你的心支配。其次是当别人要跟你约定时间时,绝对不能轻易将这段神圣的时光牺牲了。要特别珍惜这样的时光,甚至比任何时光都重要。别担心,你绝不会因此而成了一个自私自利的人。相反的,当你再度感到生命是属于自己的时候,会更有能力去为别人着想。只有真正地获得自己所需时,你才能更轻易地满足别人的需要。

　　有这样一个人,他经常仰望天空,暇想作为人类一员的他在宇宙中处在什么地位。宇宙让他印象最深的地方就是它的巨大——大得让他做任何"比较"都变得苍白无力。事实上,也已经没有"比较"可言了:在无限的宇宙面前,地球的地位甚至不如大海里的一滴水;而以这种比较基础来看,"他"在地球上的地位则不如一滴水中的某个原子。

如果这就是人在宇宙中的真正位置,那么我们所碰到的问题又算得了什么呢?当然,这些问题好像对我们都很重要,但是如果拿整个宇宙作参照物,它们就变得根本不值得一提。

我们每天碰到的困难当然都很真实,但如果换一个较适当的基点来衡量事物,这些困难根本算不上是"大灾难"。在20世纪三四十年代,有个狂人希特勒,他以病态方式屠杀了600万犹太人。30多年后,在史卡德这个地方,有个当时遭难的犹太人的儿子发现自己正陷入层层困难中:在公司里,有个家伙总是在领导面前说他的坏话;他的医生警告他以后再不许喝酒,否则要面临严重的后果;他的情人威胁他,如果不快点和他的妻子办妥离婚,就要让他身败名裂。好,如果这个人突然发现自己回到1942年的奥斯威辛集中营,会是什么结果?毋庸置疑,相比集中营来看,现在所谓的困境简直就是天堂。

现在,假如时间重新回到1976年,唐山发生大地震,生存者都是孤伶伶活在世上,他们双亲离世,儿女惨死,伴侣身亡,或目送好友伤重不治。原本居住着百万人的工业城市,一夜之间顿成废墟,数十万个幸福家庭毁于一旦,从此阴阳两隔。生者比死者更不幸,余下的岁月在苦涩中度过,面对需重建的唐山,锥心泣血,怆然下泪,有道是人物全非,一声轻喊,又怎能泄忧排烦?但是你只不过

在绝望中寻找希望

是最近在商业交易中赔了几万元钱,只要你能够冷静下来,理性地总结一下失败的教训,从头再来并不难,你所受的痛苦,相比于唐山家毁城亡的受害者,又算得了什么?你的从头开始,比建一座城市更难吗?

你因加入到40岁人群的行列而郁郁寡欢吗?有些人根本不会为这种问题难过,他们生活在世界上的高热地区,他们的平均寿命只有37岁,不管男人或女人,他们根本就不必经历所谓"悲惨的40岁生日宴会"!

你正为每天不知道吃什么菜、做什么饭而伤脑筋吗?告诉你,这个世界每天有一万人死于饥饿,此外,还有几百万人苦于营养不良引起的各种疾病。

房租太贵让你烦恼吗?你看到过生活在街头上的流浪汉吗?这些人从来不用为房租问题烦恼,他们生在街头,也死在街头。他们惟一要操心的事情,就是晚上睡觉前能不能找到一块破布御寒。

脸蛋不漂亮吗?和双目失明的人比,和四肢残缺的人比,和智障低下的人比,你愿意是后者吗?

当我们知道有这么多惨状仍然在世界上很多地方被默默地承受的时候,我们却因为在某个高雅的餐厅没占到好座位大发雷霆;因为工作中的一点点小挫折垂头丧气;因为体重没有减轻深感懊恼;为了每个月的账单抱怨不休……这就是我们的烦恼、我们的问题吗?到底拿它们来和什么标准作比较?

第二章 走下去，你还有一双完美的脚

长期不间断的专注于痛苦是一件既不正确又不正常的事，所以，如果我们的手扭伤了还得洗衣做饭，如果我们感冒躺在床上还得担心办公桌上积压的公事，我们肯定会心烦。这一点绝对可以理解。但是我们处世的观点若只局限在这类芝麻小事上，那么即便是最微不足道的困难也可能变成人生的主要障碍，于是拘泥于这种小节终将耗尽我们宝贵又有限的时间和精力。

两千多年前中国有一位思想家庄子，这位道家的宗师所表达的思想让人悠然神往。在那个古老的时代，人们平和的心不会感到今天我们所面临的诸多紧张，他们无欲也无争，所以庄子有的是时间去思考：

老天，你觉得自己糟透了——一大叠账单、情人总是和你发生分歧、修车的费用又得花去你一大笔……算了，别烦恼了，你只不过是只该死的蝴蝶，刚刚做了个恶梦！

如果一个人身上背负了太多的包袱，时间久了就会感到疲惫。圣严法师曾这样说："无事忙中老，空里有哭笑，本来没有我，生死皆可抛。"这句话说得真好，其实人身上过重的包袱就是人内心的挂念。我们只要将过重的包袱放下，人生的旅途就能变得顺利轻松，更加自在，进而就会发现很多从未见过的人生美景。

在绝望中寻找希望

12　撬动人生的两个字

在一般工薪阶层的心目中,相信没有什么是比遇到一个爱挑剔的上级更令人沮丧的事情。下班后回到家里,你可能依然怨气未消,蹙着眉,对身旁的人怒目而视,随时准备迁怒他们。可是,静心一想,他们招你惹你了?

毫无疑问,他们根本没错,你对亲人肆意放纵,也许能获得一时的快感,从他们身上找一点平衡,但这却是治标不治本的愚蠢行为——让家人伤心而且不能让你的上司不再挑剔。正视问题,尝试与你的上司和睦相处,针对事情而不是针对人,努力不把工作上的事与烦恼带回家,对不同的上司采取不同的态度。例如:上级蛮不讲理、无理取闹的时候,你应当毫不示弱、据理力争,抱着"错了我会承认,不是我的错而让我承认,恕难照办"的态度;上司非得鸡蛋里挑骨头,你就尽量少开口,以不变应万变。这样,你会工作得快乐一点。

老板故意跟你过不去,处处刁难你的原因多种多样、举不胜举,你也不必仔细琢磨、忐忑不安。虽然你的自尊很宝贵,但对付那些根本不讲理的人,又怎能计较那么多?不如相信"沉默是金"。

避免成为工作奴隶的有效方法,是变为它的主人。同样地,想获得老板的尊重,首先你要自尊自爱,严以律己,言行一致,办事有原则,人家自然对你不敢小觑,就算是老板也不例外。英国一位作家在他的一本畅销书《工作、老板与你》中这样写道:"一个好的职员,除了要有优秀的工作表现外,还需要懂得与其他同事相处,尤其是处理好与上级的关系。"

假如你以为理论始终是理论,知易行难,这样的想法显然是错误的。实行起来十分简单,少说话,多做事。你只要把自己分内的工作完成妥当,切勿"练精学懒",祸从口出。开始做事以前,先弄清楚老板的要求与工作期望,踏踏实实,自然就能减少出错的机会,也就减少了他挑出毛病的机会。

此外,老板在责问你的时候,你要学会保持沉着冷静的态度,不要在心理上败给他,你也不必急着为自己辩护,要坚定地看着对方的眼睛,并且适时适度地运用沉默的力量。如果老板的挑剔没

在绝望中寻找希望

完没了,你的沉默就是最好的反击。

我们都很清楚,人不可能永远都站在最高处去俯瞰众人;不会永远都能取得成功,不会一直失败。适当的保持沉默,可以让我们重新认清目标,重新找到生命中的美好与真谛。只有清除一切欲望,使欲望归零,心灵才能得到解放,前方的路才能变得更加广阔,我们的生命才能更加绚烂多彩。

长时间的沉默会给人造成极大的心理压力。我们常常可以在电影、电视中看到这样的场景:监狱中有一个叫做禁闭室的房子,用来惩罚不听话的犯人。房间不仅非常狭窄而且最重要的是那里既见不到阳光又没有人可说话,犯人就那么静静地待着,一待几个星期或者更长。事实上,正常的人即使是在里面关上一天都感觉度日如年。因为人性是排斥黑暗和沉默的,沉默使人感到没有依靠,有的时候真的可以让人为之疯狂。所以犯人常常会沉不住气,该说的就都说了。

正因如此,许多谈判桌上的高手才经常会利用"沉默"这张牌来打击对手,他们可以制造沉默,也有办法打破沉默,利用沉默来达到目的。

台湾有一个经营印刷业的老板,在经营多年之后想要退出印刷界。他原来从国外购进了一批印刷机器,经过几年使用后,扣除磨损应该还有240万美元的价值。他在心里打定主意,在出售这批机器的时候,一定不能低于240万美元的价格出让。

有一个买主在谈判的时候,滔滔不绝地讲了这台机器的很多缺点和不足,这让印刷公司的老板十分生气。就在他忍不住要发作的时候,突然想起自己240万元的底价,于是他冷静了下来,一言不发,任凭那个人继续滔滔不绝。

那个人说了几个小时后,看着一言不发的印刷公司老板,再没有说话的力气了,突然蹦出一句:"嘿,老兄,我看你这个机器我最多能给你350万元,再多的话我们可真是不要了。"于是,这个老板很幸运的比计划多赚了110万元。

沉默当然不是指简单的一味地不说话,而是一种成竹在胸、沉着冷静的姿态。尤其在神态上更是要表现出一种优势在握的感觉,而逼迫对方沉不住气,先亮底牌。这只是表达力量的一种技巧,而不是本身就具有优势力量。

"静者心多妙,超然思不群"。沉不住气的人在冷静的人面前最容易失败。因为急躁、不自信的心情已经占据了他们的心灵,他们没有心思来考虑自己的处境和地位,更不会认真地坐下来平心静气地思索真正的对策,也最容易让别人钻自己的空子。

所以,无论在挑剔的上司还是在难缠的谈判对手面前,适时的沉默都是一种智慧,一种技巧,一种优势在握的心态。

沉默是恪守美德者的选择。沉默也是一种语言,它在无声中传送着力量和真实的感情。甘地说:"沉默是信奉真理者的精神训练之一。"

在绝望中寻找希望

人们应学会在沉默中调整情绪,获取轻松和宽容;在沉默中梳理和按摩心理,赢得信心和勇气;在沉默中排除劳顿和烦闷,享受恬静和洒脱。沉默使人豁达,它像一剂抗菌素,使人们有了抵抗外界污染的能力。

13 不以自我为中心

美国的一家电话公司曾做过一项趣味的问卷调查,问题是:"在接打电话时,哪一个词出现的次数最多?"他们分别对500个电话用户进行了电话调查,谈话时间都是相同的。结果不久就出来了,令他们十分吃惊的是,第一人称"我"被使用了3955次。

总有一些人喜欢以自我为中心,希望别人围着自己转。当听到有人责备他们只爱自己、不关怀别人时,他们会大言不惭地告之:这是个性。一个人如果不先爱自己,何谈爱别人呢?这话听起来好像很有道理,事实上真的如此吗?

成功者的经验告诉我们,要学会倾听别人意见,这样不仅会使你的生活更加有意思,而且别人也会更喜欢你;不要老是纠正别人;常给陌生人一个微笑;不打断别人的讲话;不要让别人为你的不顺利负责;要接受事情不成功的事实;忘记事事都必须完美的想法;承认自己的不完美等等。这样生活会突然变得轻松得多。

第二章 走下去,你还有一双完美的脚

华哲斯顿是世界著名的魔术师,以其高超的技艺被同行公认为魔术师中的魔术师。他出身贫民,从未上过一天学,最初所认知的字都是从小靠从铁路旁的标牌上学到的。但他前后在世界各地表演40年,为6900万名观众演出过,事业的成功是其他同行所不能比拟的。当有人问他成功的秘诀时,他说:"我会的魔术手法跟其他同行相比并没有什么特别,大家用的基本手段都是一样的。但有两样别人没有的东西帮助我成功:其一便是个性,一个演员如果没有个性,是很容易被观众遗忘的,所以,我尽全力在舞台上把自己的个性展示出来;二是我了解人类的天性,这是我成功的关键所在。现在大多数人都喜欢别人重视自己,对自己感兴趣。魔术的确能暂时欺骗观众的眼睛,这是它的乐趣所在,但作为一个魔术师不能把观众真的当成是傻子,只要略施小技就可以把人们骗得晕头转向。我从干这个职业以来,从来都没这么想。在上台表演之前,我总对自己这么说:'能有这么多人来看我的表演是我的荣幸,是你们让我过上了一种我所喜欢的生活,没有你们的观看,魔术就失去了它存在的价值,我的生活也将索然无味,我很感激你们的到来。我要用最大的热情和最高明的手法来满足你们的期望。'"这就是深受观众欢迎的魔术师的成功秘诀,简单却深刻。

当许多人抱怨生活对他如何不公平时,当自己虽与某人处于相同的起点,但别人却最终取得成功时,当我们拥有一技之长却不屑服务于他人时,我们的眼中是否只有自己,看不到别人带给我们

99

在绝望中寻找希望

的友善?

一个事事以自我为中心的人,肯定也欠缺另一种心态和能力,那就是正确对待"应激反应"。不管你愿不愿意,生活中我们总能看到或遇到这样的事:急着赶路却遇到人为的堵车;音乐厅里满场手机呼机的鸣叫;高级商场里穿着时尚的女人们秽语相向等。在这些事情中,我们或许不是直接的受害者,但毫无疑问这会令我们不舒服,甚至有可能在几秒钟里将我们置于恼怒而不愉快的情绪之中,这种情绪被称为"应激反应"。"应激反应"在医学上的解释是:身体和精神对极端刺激,比如噪音、时间压力和人事冲突等等的防卫反应。应激反应是在头脑中产生的。在即使是非常轻微的恼怒情绪中,大脑也会命令分泌出更多的应激激素,这时呼吸道扩张,使大脑、心脏和肌肉系统吸入更多的氧气,血管扩大,心脏加快跳动,血糖水平升高。

当我们快乐时,一切都会变得更好,我们会想得更美好,干得更好,自身感觉更好,身体也更加健康,甚至感觉都会变得灵敏。一项研究发现,人在快乐的思维中,视觉、味觉、嗅觉和听觉都会变得更加灵敏,触觉也会更加细微。人在快乐的时候或者看到令自己愉快的场景时,视力会立即得到改进;人在快乐的思维中记忆力也会大大提高,心情也会变得很好。精神医学证明:人在快乐时,胃、肝、心脏与所有的内脏会发挥更有效的作用。

理查德·卡尔森的一条黄金规则是:不要让小事情牵着鼻子

第二章 走下去,你还有一双完美的脚

走。他说:"我们的恼怒有 80% 是自己造成的。所以要冷静,要理解别人,那样我们会少很多烦恼。"他的建议是:表现出感激之情,别人会感到高兴,你的自我感觉也会更好。卡尔森把防止激动的方法归结为这样的话:"请冷静下来！要承认生活是不公正的。任何人都不是完美的,任何事情都不一定会百分之百地按计划进行。"

　　心理学家认为:短时间的陶醉自我是无所谓的,短时间的应激反应也是无害的。使人受到压力是长时间的应激反应,这种长时间的应激反应,不但会影响你的身体健康,也势必会影响到你的心态,最终使你成为一个暴躁易怒的人。如果你不愿意这个结果出现,那么就让我们时常忘了自己、重视他人吧！因为在许多时候,你最终的成功不可能没有别人的帮助。

101

第三章

绽放,在绝望的土壤上开花

禅者认为,只有当一个人肯定自己并且接纳自己时,才能摆脱所有诱惑,依照自己的本性去生活、去奉献,只有这样才能过上有意义的生活。拥有不绝望、不放弃的心态,能将自己的弱点转化为强势,其实弱者与强者之间距离的长短,完全掌握在自己的手里,这首先就要超越自己。一切的密码都来自于你的内心,你希望你是怎样的,你就会怎样。用平常的心态去接受真实的自己,接纳自己的阴暗面,努力把它带入光明,当你进入光明时,黑暗就会消失。绽放吧,开出最美丽的生命花朵。

在绝望中寻找希望

01 爱,是生命永恒的主题

每个人在诞生的那一天都收到一件生日礼物,这就是世界。那里面装满了作为人所需要经受的一切,不都是阳光与欢笑,也装满了许多痛苦和眼泪。它既包含着许多魔力、很多奇迹,也有很多混乱。然而,这正是它的意义所在,这就是生活。当你打开这件礼物,将自己置身于这个世界中的时候,你将永不怀疑生活的价值和意义。

在生活中可以见到这样一种人,他们总是讲:"我心中充满了爱,我对爱坚信不疑。"可是当他们询问餐厅女服务员"哪有水"的时候,态度却是那样蛮横,轻蔑高傲。

只有当你用你的行动表明了你的爱时,别人才会相信你心中有爱。

那么,到底什么样的人才算得上是充满爱的呢?首先,他们必须热爱自己。事实上,如果你不爱自己,你将永远不会去爱他人。一个人不可能十全十美,但这并不等于说他无关紧要。每个人都有一些别人不具备的东西。

犹太作家爱拉·威索尔曾这样精辟地写道:"当我们告别人世去见上帝时,上帝不会问'你为什么没有成为救世主?你为什么没有找到人类痛苦的根源?'而他将会问:你为什么没有成为'你'?"

在一个电视剧中女主人公说:"现在我知道了,自己为什么总是郁郁寡欢,精神上感到痛苦,因为我希望每个人都爱我,而这是不可能的。尽管我可以使自己成为世界上最鲜美的桃子,可还是有对桃子过敏的人。"这话讲得多么深刻!接下去她又说:"如果别人想要香蕉,我可以使自己成为香蕉,但我将永远是一个二等品。而事实上,我本来可以成为最出色的桃子。如果我全心付出,那么喜欢桃子的人就一定会因为我而变得幸福。如果我又要满足另一部分人的需要不做桃子,而把自己变成香蕉,那么,他们又会说,你做桃子更合适。这时候,我就会进退两难,两个都做不好了。"

如果你面对你内心的"自我",拍拍肩说:"喂,这些年你究竟藏到哪去了?现在我们来到一起了,让我们一块向前走吧。"那么,你将会发现你身上蕴藏着的潜力是无限的。

然而,你如果就此止步,这个自我发现只不过就是一次令人赞赏的历程。只有当你认识到"我们"这个"大家",并把爱献给他人时,你才会成为真正的"你"。

在一节火车车厢的一群旅客中,正巧一个大学生坐在中间,他滔滔不绝天南地北地谈着,看上去似乎无所不知。可是在交谈中,他每句话都带着"我"。在几个小时的旅程中他很少提及"我们"。

和他形成鲜明对比的是在机场候机大厅的另一个人。当时,大雪纷飞,乘客已被困在那里有两天一夜了。有的人一直叫着:

在绝望中寻找希望

"我要离开这里！这该死的雪！"然而，就在这群人中间有一位妇女，她挨个走到带孩子的母亲面前说："来，把孩子交给我吧，我要搞个幼儿园，给孩子们讲个有趣的故事，您可以借这个机会喝口水、吃点饭或是去卫生间。"

为什么会有两种截然相反的态度呢？答案在于：是否有一个强烈的意识，一个站在他人角度为他人着想，努力给他人带来方便的意识。当你这样做了以后，你将会从别人看你的眼神中得到一种心灵的满足感，那种快乐只有身临其境的人才能感受到。

我们在开始一天生活的时候应该提醒自己去爱他人，应该努力去发现世间美好的事物，那么，从外界的反应中，你将发现一个可爱的自我。假如在你卧病在床的时候，身边没有一个人来看看你、没有一个人紧握你的手，这说明你在生活中从未曾伸出过友爱之手去帮助他人。

许多人会说："你总是讲要为他人做些什么，这到底是什么意思？我们能做些什么？"有什么可做的呢？看看你的周围吧！在你身旁就有一个人需要得到爱的温暖，有一个过马路的老人需要人搀扶，还有个心态不好的女服务员需要引导和鼓励……这些不都是可以去做的吗？这些虽然不是惊天动地之举，可是做与不做却是大不一样。如果真正把爱这个巨大能源释放出来，我们可以把这整个城市托到空中！

生活本身不是一个目标，而只是你走向某个目标的过程。目标的实现要靠一步一步走,如果每一步都有爱的滋润就会变得扎实而有意义了。

每个人都有爱的能力,但并不是每个人都有爱陌生人的能力,而后者才是爱的真谛。从现在做起吧!这种时刻不是永恒的,它一旦消失就再不复返。我们大多数人在对过去的追悔中度过一生,今天,仍有千百万人在重蹈这个覆辙。有人说,如果给爱下一个定义的话,惟一能够概括其全部涵义的字就是"生活"。你一旦失去了爱,也就失去了生活。

02　坚守属于自己的美丽

与其说这是一个运动冠军的故事,不如说这是一个人生冠军的故事。

童年的格兰恩在一场大火中劫后余生,但却被严重烧伤的双腿困在床上,医生确诊他以后"无法正常走路"。对于任何一个渴望自由奔跑和跳跃的小男孩来说,这样的诊断都极其悲惨,更何况是对长跑情有独钟的格兰恩。

起初,格兰恩一家只以为"无法正常走路",就是走路的姿势会很难看,但至少可以走。事实上,烧伤痊愈后纠结的皮肤和萎缩的筋络,使得格兰恩的双腿既不能全蹲也无法直立,想"正常地走路"

在绝望中寻找希望

得靠轮椅,想跑步无异于痴人说梦!

格兰恩更不能接受这个事实,他哭闹、愤怒,拒绝见任何人。他把自己关在房间里,冷静下来之后,仍然有一种让双脚再次触地的渴望和冲动,他半蹲着倚墙站立后,又试着搬动双腿向前迈出一步,就立即被锥心刺骨的巨痛击倒在地,但这一步却给了他一丝希望:他能走!于是,格兰恩和家人制定了一份功能恢复计划,每一次训练都让他痛彻心扉……

就这样,数不清的眼泪和汗水,陪伴他成为奥运会历史上长跑最快的选手之一。

他对采访的记者说:"一个运动员的成功,强健的体魄只占很小的一部分,大部分靠的是信心和积极的思想。换句话说,你要坚信自己可以达到目标。"他说,"你必须在三个不同的层次上去努力,即生理、心理和精神。其中精神层次最能帮助你,我不相信天下有办不到的事。"

拥有不绝望、不放弃的心态,就能使一个人将自己的弱点积极地转为最强的部分。这种转化的过程有点类似焊接金属:如果有一片金属破裂,经过焊接后,它反而比原来更坚固,这是因为高度的热力使金属的分子结构排列得更为紧密的缘故。

弱者与强者之间距离的长短,掌握在你自己手里,要超越这段距离,首先必须超越自己。

《旧约》中提到这样一个故事,有一个高大的魔鬼总是欺负村

第三章 绽放，在绝望的土壤上开花

里的孩子。一天，一个 16 岁的牧羊男孩来看望他的兄弟姐妹们。当他知道了魔鬼的事情后，就问他们："为什么你们不起来和魔鬼作战呢？"他的兄弟们一脸惊慌，回答说："难道你没看见他那么大，很难打倒他吗？"但这个男孩却镇静地说："不，他不是太大打不了，而是太大逃不了。"后来，这个男孩仔细观察、研究魔鬼的身体结构和动作特点，设计了一个类似投石器的工具将魔鬼杀死了。他成了人们心中的少年英雄。

这个故事中的牧羊男孩没有像其他人一样，只是想魔鬼如何的大、如何的厉害，而是找出他致命的薄弱环节；小男孩没有看不起自己的矮小，力量微弱，而是看到了自己的聪明和灵活，因此充满自信。其实，有很多时候并不是老天不公平，不让我们在生活中有所作为，甚至让我们生活在自认为的痛苦中，而是在任何时候只是一味地肯定别人的优点和处处受挫于自己的缺点。时时刻刻伴随着这种双重打击，怎么能够承受？又怎么能够成功呢？

来自哈佛大学的一个关于成功就业的研究发现，一个人若得到一份自己喜爱的工作，85% 取决于他的心态，而只有 15% 取决于他的智力和所知道的事实与数据。对每一个渴望振翅翱翔的人来说，好心态就是助他鹏程万里的那双翅膀。

有一个人在集市上卖气球，他有各种颜色的气球，红的、黄的、蓝的和绿的。每当买的人少的时候，他就放飞一个气球。当孩子们看到升上天空的气球如此漂亮的时候，他们都想买一个。这样，

在绝望中寻找希望

卖气球人的生意又好起来。这个人一直重复着这个过程。一天，他感到有人在拉他的衣服，他转过身来，只见一个可爱的小男孩在问他："如果你放开一个黑色的气球，它也会飞起来吗？"卖气球的人被这个男孩的专注所打动，和蔼地说："孩子，不是气球的颜色使它飞起来，使它飞起来的是里面的气体。"我们的生活也是如此，在生活中，是我们的内心世界在起作用，使我们不断进步的内部动力就是我们永远的优势之一。

很多人渴望实现理想，却不知该从何做起。他们一边担心因方法错误而走了远路，一边又唯恐方向错误而迷茫无措。于是，很多人迷失在实现理想的路途中，他们或就此放弃，或继续迷失。其实，所谓成功鲜有捷径可走，许多看似的"远路"并非真的那么"远"。在某些时候，一切条件似乎都对我们不利，此时要从心理上多发掘自己的优势，能够比别人多投入一些，更积极一些，再坚持一些,从不轻言放弃,成功就离你越来越近,你就会由弱者变为强者。

03　远离自卑

自卑就是自认各方面不如别人的一种心态,也是不利于建立成功人生的坏心态。其实,只要不是超人,都会有不如别人的某些方面,但是无论是生理的还是心理的不足,都不能决定你的生命是否精彩。关键在于你是如何看待自己的不足,是让它成为你的绊脚石还是前进的推动力。拿破仑说:"默认自己无能,无疑是给失败创造机会。"因此自卑对于自己的发展十分不利,所以必须想办法克服和超越自卑。现推荐几个方法,不妨一试:

(1)尽力发泄法。自卑者一般都是性格比较内向不善于表达的人,当这种不良情绪产生时,大都沉默少言,极力躲闪周围熟悉的事物。事实上这样并不利于自卑者缓解压抑的心情,正确的做法是找亲朋好友或心理医生将自己内心的自卑情绪发泄出来,且发泄得越彻底越好。

(2)自我认知法。自卑的人特别看中他人对自己行为的看法和反应,很少对自己的行为、形象进行直接、客观的观察和评价,而且不自信的人还特别注重他人的否定评价,因此常常形成"既然大

在绝望中寻找希望

家都认为我不行,那我一定是不行的"的错误思想,这就是自我暗示心理造成的不战自败的结局。这时,最应该做的不是"知难而退",而是静下心来理性分析一下自己,让自己决定是做还是不做,决定做就应树立"自己不比别人差"的信念。

(3)精神刺激法。当一个人要处理一件从未接触过的事情时,紧张、恐怕失败的思想肯定是有的,但有的人之所以能成功走到最后,是他能及时调整自己些许自卑的心态,当行为过程中遇到困难时他不是停滞不前,而是想办法解决困难。他首先分析事件的轻重缓急,先完成一些简单易行的工作,循序渐进,对重大疑难的问题慢慢瓦解,一步步地克服困难,在工作进行过程中给自己不断地打气,始终牢记:即使要行万里路,也要一步一步的走,任何事情的最终成功都是在平时通过一点一滴的努力去实现的。

所以切忌在中途遇到棘手问题或出现疑难时就怨天尤人,或是垂头丧气、丧失信心,要知道许多事情的结果不是我们能决定的,虽然"谋事在人",却"成事在天"。当我们通过自己的努力取得哪怕一点成绩时,都应该加以表扬,以此一步步地克服自卑,取得更大成就。

(4)以勤来补拙。数学家华罗庚说:"勤能补拙是良训,一分辛劳一分才。"凡事只要尽全力去做,一定会有收获,那些有所成就的人大都勤奋上进。另外要相信"有志者事竟成",在遇到波折时不气馁,认真反省,用自己双倍的汗水去向自己设定的目标迈进,"不成功,则成仁"。不能总是认为别人一定比自己强大,羡慕别人而贬低自己,那样等待你的将是一事无成的结果。另一方面,如果一个人知道自己在某些方面存在不足,并下定决心将自己的欠缺加以弥补,对症下药,则是一种难得的品质,也是克服自卑的一种手段,常言道:人贵在有自知之明。

(5)扬长避短法。任何一个人的存在都有价值,存在就是理由。音乐大师贝多芬不到30岁时耳朵开始出现疾病,后来完全失聪。起初他十分痛苦,尽量瞒着别人,避免与人进行语言交流,他曾"痛苦得不出一声",因为做音乐离不开耳朵,就像跳舞离不开双腿一样。但贝多芬并没有陷入痛苦的泥潭中不能自拔,他更加勤奋,勇敢地面对自己"无声"的世界,用心去编曲,用心去聆听,因而在那段时期他创造了音乐史上的奇迹:他一生中许多的作品都是在他失聪以后创作的。

因此,只有主观努力才能决定一个人的最终成功。一个人有缺陷和缺点并不可怕,关键是能否正确对待自己的缺陷,让它成为激发潜能的动力。

(6)多与人交往。人一旦有了自卑情绪,就会将内心封闭起来,不愿与人相处,自卑者之所以选择孤独,在很大程度上是因为自己轻视自己,缺乏建立正常人际关系的信心,从而造成别人也看不起他,不想与其相交相知,因此周围可信任的朋友很少。我们在学生时代大多会有这样的经历:因为求学要到一个完全陌生的环境,这种环境与我们以前的生活环境完全不同,当遇到文化和语言差异而一时难与新环境融为一体时,许多同学会产生自卑情绪,使本该快乐的生活笼罩上忧郁的气氛,其实只要我们理性分析一下,多与周围的新同学接触沟通,时间长了,随着对新环境认识的加深,自卑感会自动化解。

长路漫漫的人生,其实是个大讲堂,不同的是,很多条件是我们自己无法选择的。比如出身的富贵与否,智力的高低,相貌的美丽或丑陋,这些先天的因素无法由我们自己选择或者逆转。

我们可以原谅别人的轻视,但永远不能轻视自己。我们要把劣势变成力量,从过去的困难中吸取智慧和勇气,努力开拓属于自己的事业,掌握属于自己的命运。

所以,绝不要看轻自己,或者跟别人比高低。既然我们拥有完整的生命,就应该使自己生命的辉煌,这不是别人给予的,而是自己创造的。不要让自卑成为成功路上的绊脚石,生命的价值取决于我们自身的努力。

04 没有什么"不可能"

有一位老师,他带领的班级在学校所有的竞赛中总是名列前茅,有人向他取经,他走到黑板前写下两个大字:"不能"。然后问

第三章 绽放，在绝望的土壤上开花

全班同学："我们该怎么办？"

学生们马上高高兴兴地大声回答："把'不'字擦掉。"

是的，这就是答案了，擦掉"不"字，"不能"就变成"能"了。

不仅仅是这些学生，即使我们也需要这样的教导，我们必须随时提醒自己，把"不"字去掉，只要"能"，这就是我们获胜的秘诀。如果"不能"这个字在心中扎根，最终你会发现，即使是你擅长的事业，也会在激烈的竞争中败下阵来。

15岁的男孩安泰在报上看到招聘启事上有一份适合他的工作，欣喜不已。第二天安泰准时前往应征地点时，发现应征队伍中已排了十几个男孩。

如果换成一个认为"不能"的男孩，他可能会因此而转身离去。但是安泰却完全不一样。他认为自己需要这个工作，并且能够把它干好，那么接下来便是动脑筋，打败前面的应征者。他在一张纸上写了几行字，然后走到负责招聘的秘书面前，很有礼貌地说："小姐，请你尽快把这张便条交给老板，这件事很重要，谢谢你！"

秘书不无欣赏地看着安泰，因为他看起来精神愉悦，文质彬彬。也许别人她可能不会放在心上，但是这个男孩不一样，她不愿意拒绝他，所以她立刻将这张纸交给了老板。

纸条上面是这样写的：

"先生，我是排在最后的男孩。在见到我之前请不要做出任何决定。"结果，安泰成功了。

在绝望中寻找希望

事实上,他没有理由不成功,虽然他年纪很小,但是他知道如何去想,有能力在短时间内抓住问题的核心,然后运用智慧解决它,并尽力做好。

一个人生活在世上,要面对的东西有很多,烦恼、朋友、敌人……在对外界事物应对自如的时候,我们往往忽略了一个最重要的对手——自己。于是有了这样一个难题:有人能轻易打败敌人,却不能战胜自己。

很早以前,看到这样一个故事:

一个小和尚为了让寺里的伙食更丰盛,每天从树林里采来许多香菇。湿的香菇不易保存,要摊在地上晒干再收藏。一天他正在太阳底下曝晒采回来的香菇,师父走了过来。

"晒干之后,装进袋子。"师父说。

"知道了。"小和尚边干活儿边应答着,觉得师父过于操心了。

一连几天太阳都很好,香菇干得很快。小和尚正在装袋时,师父又来了。

"不要全装进一个大袋。多分几个小袋子,封紧了,别透气!"师父叮嘱道。

"知道了!"小和尚带着几分不耐烦的口气答道,心想,师父真是多事!但他还是一包包的装好,并没有半点怨言。

野生的香菇特别香,炒青菜时丢进几个,滋味别提多好了,到院里用斋的施主和其他的师兄师弟无不称赞。

第三章 绽放,在绝望的土壤上开花

第一包香菇用完了,小和尚打开了第二包,发现香菇里长满了小虫,不能吃了!他很着急,赶快向师父报告。

"别急。你先把这包扔掉,打开别的包看一看,这包不能吃,别的包说不定能吃。"师父说。

小和尚紧张地打开那些包,高兴地笑了。

"这回你知道我为什么让你分开密封了吧。"师父摸着小和尚的头说,"你以为画板是保护画的,岂知板子也伤了画;你以为袋子是防外面的虫咬香菇,岂知香菇里原来就可能有虫。于是那保护它不受外界侵犯的,反过来保护了外界,不受它侵犯。"师父接着语重心长地说:"我们总怕别人会害自己,其实害自己的不一定是别人,也许是自己!我们应该能常常理清自己的心虫,别让它偷偷啃食我们的心,或飞出去伤害别人。"

当我们用警惕的眼神去注视别人,用猜疑的思想去怀疑别人,用谨慎的行动去处理事情时,我们确能很好地保护自己,但有时仍然会感到受了伤害。如果排除了一切外界因素,还找不到受伤根源时,那就很可能是自己伤了自己。

看待事情的角度不同,就会造就出截然不同的生活面貌。乐观的人在遇到挫折时,会调整好心态,重新出发;悲观的人则一味地钻牛角尖,无法继续前进。所以,想让自己的人生发光发亮,乐观心态是非常重要的,只有这样,才能巧胜对手,脱颖而出;只有这样,才能战胜自己,驱除心魔,人生也将变得无比精彩。

05　人可以无貌，但不能无才

常言道："人不可貌相。"又说："鸟美在羽毛上，人美在心灵上。"可是的确有人为自己的相貌终日烦恼。也难怪，因为今天"美貌效应"的现象极为突出：相貌漂亮的人，尤其是年轻女子，会在人际交往、婚姻等事情上博得他人青睐，激起他人的热情，事情往往好办。相比之下，相貌不佳者就没那么"运气"了，他们甚至会处处碰壁，心灰意冷，苦恼不堪，羞于见人，自卑心理严重。这时就需要及时调整心态，正视现实，寻找自己的"闪光点"，加强文化修养，培养高尚情操，力争以才补貌，扬长避短。

俄国文豪托尔斯泰曾说，人生唯一可靠的幸福，就是做好事的乐趣。有这样一则公益广告，讲一个家庭贫困的小姑娘，最大的心愿是跟其他小朋友一样去上学，但是靠着妈妈卖萝卜那点微薄的收入根本不可能。小姑娘每天都帮妈妈洗萝卜然后再去卖萝卜，虽然辛苦，但能跟妈妈在一起也算很幸福。小姑娘每次经过便利商店时，总会拿出自己的零用钱放进捐款箱，她希望她小小的分享能帮助和她一样的孩子实现梦想。这个小姑娘无疑成了人们心中"美"的化身。

每个女人都渴望能够拥有一个"沉鱼落雁""羞花闭月"的容

貌,阿琳也不例外,可惜天不遂人愿,因而阿琳常苦笑着自嘲:"有人说女孩子都是从天而降的天使,可我似乎是掉下来时脸先着地。"

阿琳长相的确很普通,是人们常说的"掉在人堆里找不到"的那种,普通得不会给人留下任何记忆,而且,人堆里找不到她的另一个原因是因为她个子矮,身高不足一米五,25岁的她看上去像个初中生。

其实,阿琳的气质与身高完全不成比例,她举止文雅、大方、得体,很有些大家闺秀的味道。但阿琳内心深处永远留着一个死结,那就是她一切的不幸,都源于她容貌上的"遗憾"。

上学的时候,阿琳就敏锐地发现,老师喜欢的是那些容貌好、头脑聪明的孩子,而像阿琳这样刻苦努力、长相不好的学生,老师不会讨厌但是也绝不会特别喜欢。

大学中文系毕业后,她没有服从分配,而是出去应聘工作,让她伤心的是,每次都是笔试通过面试通不过。后来,好不容易有一家娱乐杂志"慧眼识人"录用了她,让她总算结束了四处飘零、到处碰壁的日子。这是一家刚刚开办的杂志,各种事情都没有走上正轨,事情又多又杂,而且缺人缺钱,许多工作都要一个人兼任数职。

阿琳在众多的女职员中无论是文笔还是思维敏捷性都是首屈一指的,而且她是中文系毕业,如今正是专业对口,条件可谓得天独厚了。然而,在分配具体工作时,一些重大的采访节目、学术交

在绝望中寻找希望

流活动等露脸的工作,上级总是派年轻漂亮的女孩子去做,而阿琳永远是坐在办公室角落里,做着最繁杂、最琐碎的事情,对阿琳的才能来讲,简直是大材小用。

一向宽宏大度的阿琳想,找份工作不容易,大家工作也都不容易,凡事忍一忍就会过去的。然而,令她满腔义愤、忍无可忍的事情还在后面。有一次大家正在开讨论会,残联的同志来找领导,问单位有没有安排残疾人工作,如果没有的话,按规定要交纳一定数量的赞助费,当时阿琳的上司竟指着阿琳说:"看,我们这儿有个小人儿,这就是我们安排的残疾人。"阿琳听了这话如雷击顶,她手脚完好,心智健全,怎么就成了残疾人呢?原来上司聘用她还有这样的附加作用!简直像一场噩梦。

谁都想要丽质天生,但人的五官、身材大部分由遗传因素决定,美丑很难自选。容貌不佳虽然会给人的生活带来很多的不便和不快,但由此而陷入苦恼中却是双倍的不幸。记住一句话:世上没有丑女人,只有笨女人。女人的魅力并不以身材和脸蛋为必要条件。很多女人长相极为普通,却能倾倒众多骄傲自负的男子,为什么?因为她们有文雅的举止、机敏的谈吐、雅致的装束、温柔迷人的气质。约瑟芬与埃及艳后就属于这一类女人,她们长相平平,却使最伟大的男子拜倒在了自己的脚下。

事业上的成功与容貌没有必然联系。一位容貌乏色而同时又成就了一番事业的女士在面对媒体采访时讲述了自己的故事,她

第三章 绽放，在绝望的土壤上开花

的故事说明，人的成功源于自信，而非容貌。

这位女士单从容貌上来讲，很难让人将她与高级白领联系起来。她矮胖，眼小嘴大，还有很多人痛恨的龅牙，应该说毫无美感可言。但是她落落大方的风度，精细有度的谈吐，天下无难事的自信，让人自然而然地被吸引，与她交谈如沐春风。

她说，当初她只身一人来到深圳这个新兴移民城市创业时，身上没有多少钱，在深圳也没有亲人朋友，最糟糕的是，她因为长得不好看，连年轻女子找工作起码的"通行证"都没有！但她没有向命运低头，因为她明白，如果此时打退堂鼓，今后就很难有勇气向前走了，于是，她迎难而上。一天，她尽最大能力将自己收拾的精神利落，昂首阔步地走进当地一家最有名的投资公司，面带自信的微笑，不卑不亢地递上明片并告诉前台小姐："请找一下总经理。"

也许正是因为她长得不佳，前台小姐没有采用对一般年轻女性的高度警惕态度，甚至，也许还动了些许的恻隐之心，毕竟在美女集中度过高的深圳，面容难看的女子在人们看来是很难立足的，所以，前台小姐没有过多的盘问，就请来了总经理。

她迎视着总经理困惑、挑剔的目光，尽量条理清晰、信心满怀地推销自己设计的咨询项目。她很成功地用自己的气魄和口才打动了这位关键人物，他果断地投资，做了她第一个股东兼顾客。事隔多年，这位总经理在提及当时场景时，说："我第一眼惊讶于她的容貌，在年轻姑娘充斥的写字楼，她简直有点'鹤立鸡群'。然而，

在绝望中寻找希望

她讲话逻辑严密,有条不紊,而且,最打动人心的是她自信乐观的态度和胜券在握般的气度,让人感觉到有如此气势的女人,决不会是败将的。"这位女士用事实证明了她的判断,如今她的投资公司已是如日中天,而且,她还举办了有关投资理财的培训班,每次开学的第一天,她都会将她那次终身难忘的创业经历讲给学员们听。她强调,在创业致富之前,必须培养自己的信心,如果你自己否定自己,谁能去信任你呢?可见,树立对自己的信心有多么重要。

"失之东隅,收之桑榆"。自己相貌不佳,是一个"弱项",但是可以"化不利为有利",从才华、事业等方面来弥补自己的不足。拿破仑——这位至今拥有大批崇拜者的历史著名人物,生来矮小,相貌也谈不上英俊潇洒,但最终却成为伟大的军事家。他的形象顶天立地,他的英明流传千古。

美国杰出的学者戴尔·卡耐基说过:"一种缺陷,如果生在一个庸人身上,他会把它看作是一个千载难逢的借口,竭力利用它来偷懒、求恕、示弱。但如果生在一个有作为的人身上,他不仅会用种种方法来将它克服,还会利用它干出一番不平凡的事业来。"但愿那些深为自己的相貌不佳而苦恼、自卑的人,能从这句话中得到启迪,甩掉包袱,振作起来,重新塑造一个美好的形象。

06 不屈从于命运

如果你经常观看一些比赛的话,一定对反败为胜的竞赛记忆深刻。当处在决定胜负的关键一局时,对手之间的角逐已经不全是运动技术的比拼,更多的是心理战术的较量。在最为紧张的时候谁的心态平和,谁就可能成为最终的胜利者;在比分低于对手时,谁不急不躁,镇静从容,及时调整自己,不在精神上输给对方,一直坚持到最后,胜利的天平就很可能偏向他。

一个人心态的消极或积极在很大程度上可以决定一场竞技的最终结果;同样,一个团队的精神状态很可能扭转整个活动的局势。

在战争史上,由败转胜的例子并不少见,其中马林果战役便是其中之一。在战争打响的前夕,拿破仑在营帐里不停地徘徊,眼睛不时注视着面前摊开的一张意大利地图,一边思考,一边顺手挪动插在地图上的钉子,研究敌我的战斗格局。他眉头紧皱,好像形势对他很不利。

过了一会儿,他深深地呼出一口气,如释重负的样子,自言自语地说:"这样的地势对我绝对有利,我一定要在这里抓住他!"

"您要抓住谁?"他身边的一个军官问道。

在绝望中寻找希望

"墨拉斯。他是奥地利的一只老狐狸,他从热那亚回来时要路过都灵,回攻亚历山大里亚。我要渡过波河,在塞尔维亚平原迎战他,就在马林果将他打败。"拿破仑边说边用手指着他的取胜地点。

就在拿破仑的如意算盘还在推敲的时候,马林果战役打响了,但战势并没有像他预想的方向发展。法军受到了敌军强有力的抵抗,只有招架之功,没有还手之力。拿破仑眼看着自己精心筹措的胜利就要成为泡影,他失望极了。

无奈之下,法军只好向后方败退,途中正遇到他的手下将领带着大队骑兵驰过田野,队伍停在一座山坡附近。士兵中有一个小鼓手最引人注目,他是最小的战士。事实上他原本只是个流浪儿,是战士们在巴黎街头好心将他收留,后来他就一直跟随着队伍。在埃及和奥国战役中他都参与了作战,而且表现出色。

看到他们,并没有使拿破仑兴奋起来,他不耐烦地朝小鼓手喊道:"击退兵鼓!"

这个孩子看了拿破仑一眼,像没听见一样,没有动。

"听到了吗?击退兵鼓!"

看到拿破仑有些生气了,小鼓手才拿着鼓槌向前走了几步,朗声说道:"为什么?大人,我们一定能胜利,况且我不会击退兵鼓,从来没有人教过我。但是我会击进军鼓,可以敲得很棒,能敲得让死人都站起来排队。我随军队征战时总是击进军鼓,我在金字塔、在泰泊河、在罗地桥都敲过它……大人,在这里我为什么不可以击进军鼓?"

拿破仑苦笑一下,无可奈何地说:"我的计划全落空了,我们打了败仗,现在除了后退还能怎么办呢?"

"怎么办?打败他们!我相信我们的军队一定会赢,还没到最后时刻您不能放弃,而且要赢得胜利还来得及。"小鼓手敲起了进军鼓,像在泰泊一样敲得响亮!

伴着小鼓手激进的鼓声,战士们手挥利剑,向奥地利军队横扫过去。他们不知从哪儿来的斗志,所向披靡,把对方打得一退再退。战争以法军的胜利告终。当炮火消散时,人们看到小鼓手走在队伍最前面,敲着激昂的进军鼓,笔直地前进。他的脚步从容不迫,鼓声激越有力,他以自己勇敢无畏的精神开辟了胜利的道路。

戏剧性的战争结果,却是人内心世界的真实写照。夜深人静时,扪心自问,在生活失意时,有谁能不沉沦丧志;在爱情走远时,有谁能精神不失;当事业受挫时,有谁能奋起拼搏……

无论在战火纷飞的战争阵地,还是在不见硝烟的人生战场,要赢得最后的胜利,势必要有大无畏的心态。在任何的困难和挫折面前,只要抱定"狭路相逢勇者胜",相信任何人都能赢得绝地反击的胜利。

在绝望中寻找希望

07　风景只在自己心中

如果一个人位置不当,用他的短处而不是他的长处来工作的话,他就会永久地生活在自卑和失意中。

"瓦特!我从来没有见过像你这样的孩子!"他的祖母说,"多念点书,这样你以后才可能有出息。我看你有一个小时一个字也没念了吧。你看看你这些时间都在干什么?把茶壶盖拿走又盖上,盖上又拿走干什么?用茶盘压住蒸汽,还加上碗,忙忙碌碌,浪费时间玩儿这些东西,你不觉得羞耻吗?"

幸亏这位老夫人的劝说失败了,全世界都从她的失败中获得了巨大收益。

第三章 绽放,在绝望的土壤上开花

伽利略曾被送去学医。但当他被迫学习解剖学和针灸学的时候,他还藏着欧几里德几何学和阿基米德数学,利用空余时间偷偷地研究复杂的数学问题。在他18岁的时候,他就从比萨教堂的大钟的摆动中发现了钟摆原理。

英国著名将领兼政治家威灵顿小的时候,大家都认为他是低能儿,连他母亲也认为他先天反应迟钝。他几乎是学校里最差的学生,别人都说他迟钝、呆笨又懒散,好像他什么都不行。他没有什么特长,而且想都没想过要入伍参军。在父母和教师的眼里,他的刻苦和毅力是惟一可取的优点。但是在他46岁时,打败了当时世界上除了他以外最伟大的将军拿破仑。

再没有什么比一个人的事业使他受益更大的了。这事业磨练其意志,增强其体质,促进其血液循环,敏锐其心智,纠正其判断,唤起其潜在的才能,迸发其智慧,使其顽强地投入生活的竞赛中。

在选择职业时,不要考虑什么样的职业挣钱最多,怎样成名最快,你应该选择最能发挥你的潜能、能让你全力以赴的工作,应该选择能使你的品格发展得更坚强、更完善和对人类贡献最大的工作。

当一个贫苦低微又不知名的赫瑟尔报告说,发现乔治·西特星的轨道和运动速度以及发现土星的卫星环的时候,英国的上层社会是多么震惊!这个出身微贱、以演奏双簧管为生的孩子,用自己双手制作出来的望远镜,发现了当时设备最好的天文学家都没

在绝望中寻找希望

有发现的事实。他们不知道,赫瑟尔为了做出一块理想的镜片,竟一共磨了近200块玻璃。

蒸汽机的发明者史蒂文生共有八个兄弟姐妹,小时候穷得全家十多个人都挤住在一个房间里。史蒂文生没有机会读书,只好去给邻居放牛。但一有时间,他就用粘土和空心树枝做他想像中的蒸汽机模型。到他17岁时,他就真的装成了一部蒸汽机,还让父亲帮他烧火做实验。史蒂文生虽然没有进学校读书的机会,但机器就是他的老师,而且他是非常用功的学生。当同龄人在游山玩水、逛酒吧间的时候,他却在拆洗机器,仔细研究和反复做实验。当他作为一个伟大的发明家和蒸汽机的改进者闻名于世的时候,那些游手好闲的人又都羡慕他了。

美国著名的废奴主义者布朗,小时候为了到书店买一本书,连夜赶了30千米的路。书店老板盯着这个头发蓬乱、衣衫破旧而且满身是土的牧童,很奇怪这个乡下的孩子怎么会提出这样的要求。于是,老板就和众人一起开始嘲弄他。这时进来一位大学教授,当他知道布朗的要求之后说:"这样吧,如果你能念出这本书的一行诗句,而且把它翻译出来,我就把这本书送给你。"布朗从容不迫地连续念完并且译出好几行诗句。于是,在人们的惊讶表情中,布朗自豪地拿到了自己应得的奖品。他是在放牧的时候学习了希腊文和拉丁文,这给他赖以成名的丰富学识打下了坚实基础。

奴隶解放令的颁布者美国第16任总统林肯,在年轻的时候,曾

第三章 绽放,在绝望的土壤上开花

经借着炉子的火光来学习数学和语法,曾经为买一些书步行70多千米的路。他既没有得到过什么遗产,也没有碰到过什么好运气。他之所以有出色的前途和作为,正是因为他有那不屈不挠的意志和正直的气质。

美国第17任总统约翰逊,小时候是裁缝店的学徒,从来都没上过学。但正是这样一个生在小木屋、没有读过书、比一般普通境遇的孩子还苦的他,在美国内战期间担任了总统。他以其丰富的实践经验赢得了全世界的赞扬。

在世界上最伟大的英雄和功臣中,有许多是贫苦出身的,他们毫无依靠地与命运作斗争,积累了自己的才能、挖掘出了自身的潜力。

每一个人,无论他出身贫贱还是高贵,如果他有一个坚定正确的目标,一颗无论遇到什么困难都不退缩的心,坚持走自己的路,努力奋斗,那么,无论是人还是魔鬼,都不能阻止他前进。

08　经得起诱惑,才能守得住成功

作为一个成功实现梦想的人,应该始终具有清醒的头脑,在得意时不忘形,在失意时不丧志。

炎炎夏日,蚊虫肆虐,人们对此深恶痛绝。它们虽不易灭绝,但却容易捕杀,原因很简单,它们时常得意忘形,把自己推上死路。

如果仔细观察就会发现,有些蚊子在吸食人畜的血液时,在没有受到惊扰的情况下,它会一个劲地吸起来没完,直到飞不动或勉强飞往一处自认为安全的地方休息,安于享受成功。此时它们吃饱喝足的身体已变得迟钝,完全忽视了危险的存在,而这正是它们接近死亡的时刻,若现在想杀死它,已无须奋力拍打,只须轻轻一按,它们便一命呜呼。

蚊子的死是罪有应得,但它给我们的启示却是深刻的:一个人经历千辛万苦换来成功的甘果时,是手捧观之得意洋洋,还是保持冷静视之为过去,重新设定新的目标,并加倍努力实现之。选择前者,就选择了和蚊子一样的命运;选择后者,成功的甘甜将会始终伴随左右。

是什么原因使人的选择不同呢？是一个人处世的心态。好心态不仅可以指导我们在工作上取得成绩，还能指导我们在各种误解面前站稳脚跟，坚持自己认为对的事情，不因为别人的不理解而改变自己。

由于与生俱来的性格使然，有人外向，有人内向，也因此造成了每个人在外在行为上的差异，这便成为误解的根源。

"同事们都这样。要是我整天捧着书本不和他们闲聊，显得我清高、不合群，多不好啊。"

不久以前，一位刚从学校毕业工作的小师弟跟他的一个知心朋友说了上述一番话。

的确，谁不希望能够在单位中培养良好的人际关系，和大家融为一体，尤其是刚毕业参加工作的学生，好像不和大家打成一片就没有获得大家的认同，工作起来没有底气。

这种想法也不能说不对，但绝对要具体情况具体分析，万不可一概而论。

以上述的这位小师弟为例吧，他毕业于上海某警官大学，学的是道路交通管理，毕业分配去了沿海的一个中小城市。他每天的工作是上街值2小时班后休息几个小时，然后再去上岗。工作压力不大，闲暇时间很多。但是他周围的同事们每天值勤回来后就是聊聊天、打打牌，晚上下班后也经常是出去吃吃饭、喝喝酒、跳跳舞。小伙子每次和他们在一起的时候，觉得时间太浪费了，有一种

131

在绝望中寻找希望

犯罪感。他喜欢读书思考一些问题，并想考研究生接着深造。但就出现了本文开头所提到的问题。他不和同事们一块聊、玩，又怕人家说他假清高、不合群等等。

基于这种情况，他的朋友对他说：从你所讲来看，你的这些同事可能文化素质不高，又安于现状，没太大的追求，他们也许能够做好目前的本职工作，但再有什么发展和进步的可能性很小。你的这种顾虑完全没有必要，因为如果只有同他们一块虚度光阴才算合群的话，那你必须以牺牲自己的爱好、前途、追求为代价而去合群，必须放弃提高自己思想境界为代价才不会清高，按他们的标准去要求自己。在工作和生活中，这种"就低不就高"的合群、不清高，实际上是媚俗，是完全错误的一种想法。

不合群的现象一般有两种：一种是因为性格孤僻、封闭自我，或是人品道德上低劣而让大家疏远；另一种则是因为某个人的优秀出众，或者是追求的目标高于众人之上，不迎合众人的口味或疏于处理人际关系等，从而不被大家理解或受人妒忌。

在生活中两种情况都经常见到，尤其是第二种情况。比如陈景润做一名中学数学老师，肯定是不"合群"的；"文革"时马寅初也跟不上潮流；比尔·盖茨中途从哈佛退学也和大家心目中的"好学生"标准不一致……这些人的共同点是都曾经不被看好，却都取得了骄人的业绩，而且他们从不曾得意忘形。

我们应努力处理好周围的人际关系，但这是为了发展自己的事业,让自己做得更好,而绝不应该是牺牲自己的追求和理想而去随波逐流。要在心态上摆正,只要你优秀出众、超凡脱俗,就很容易会被人认为是清高、不合群,但这也胜于得意忘形后的自我毁灭。

09 磨砺到了,成功也就不远了

换一种心情去看事情,你会减少许多的忧愁和不必要的郁闷;换一种心态对待生活,你会收获许多的快乐。当我们因昨天与朋友闹一场误会而心头茫然时,应该立刻运用沟通的手段,让和解的阳光尽早出现。打个电话,发个短信或电子邮件,送一件包含歉意的礼物……你的所作所为都是天晴前的浓雾,慢慢地雾散了,朋友又回到了你身边。那种愉悦无以言表。

只有拥有阳光般的心态,才会拥有阳光般的生活。

一个人在工作或者生活不开心的时候,内心比较脆弱,所以很容易对他人产生不当的期待。我们时常在这种情绪低落的时候,把见到的每一个人都当成是朋友,向他倾诉自己的不幸,并渴望获得安慰与同情。你觉得每个人都愿意听你诉苦吗?

对于每个人来说,随时遭遇无法预料的危机,本身就是一件非常平常的事情。家里小孩生病、至爱亲友死亡、婚姻亮起红灯等,

在绝望中寻找希望

这些大大小小的问题都会使我们压力倍增,心力憔悴,精神疲惫,进而影响我们的情绪,从而使烦恼剪不断,理还乱。

人在遭受挫折的时候,往往会感到非常脆弱,但是无论问题多严重,最好不要找同事倾诉,更不要四处找人哭诉。如果一定要发泄,也一定要找办公室以外的朋友,否则很可能给同事造成你"有病"的印象。

曾经有人说,这个世界上的每一个人都是以自我为中心的,每个人的视角也完全是被自己先天或后天形成的思维定式所左右,所以每个人都有不同的注意力,喜欢把注意力集中在自己感兴趣的事情之上。比如,你们夫妻最近经常无端的发生口角,你察觉你和你太太的关系已经发生危机。而且也许这个时期又是公司最紧张的时候,你的业务也很繁重。在家庭和业务的压力下,你很容易陷入无奈情绪的陷阱,处于一个相当低落的时期。大多数人在情绪低落的时候,总是希望别人给予关怀,对自己伸出援助之手。所以在这种情况下,稍不留神就会失去自控力,家庭问题上的苦闷和事业的压力让你急需有人倾听你的感受,帮你发泄心中的郁闷和不满。

不是每个人都是我们可以信赖的朋友,因为每个人都有自己感兴趣的事情,你对他们倾诉一些你自己觉得催人泪下的事情其实并不会博得他们的同情,反而会觉得你小题大做,没能力处理好一些简单事情等。

第三章 绽放，在绝望的土壤上开花

其实,这种渴望同情与注意的心理是一种小孩心态。我们都见过这样的画面:许多时候,当一个孩子摔倒以后,他并不是马上张嘴大哭,而是看周围有没有人注意他,如果有人的话,他就会惊天动地哭起来;若没有人,他一般就会无可奈何地爬起来,继续做他的游戏。小孩子的这种把戏会让人觉得可爱好玩,换作一个成年人呢?

当心情不好时,想想浓雾散失的过程吧。浓雾天,虽然向上空望不见太阳,但能看见它四周的银环,那是晴天的希望,你只需要想到阳光一定能穿透雾气照射大地,今天一定是个好天气。渐渐的环绕在太阳周围的雾气慢慢淡化,蓝天逐渐显现出来。又过了一会儿,云块飞快地退去,万里无云的天空,闪闪发光的太阳出现在你面前,照亮你的心灵。

其实,每个人都会有不少烦心的事儿,大家也许都在"水深火热"中挣扎,何必总拿自己的不开心强加到人家头上呢?除非迫切需要帮助,否则即使是最好的朋友,也不要拉着人家陪你一道悲伤,还是自我调节为好。要相信,黎明前的黑暗过去就是初升的太阳。

10 一只眼也能看见天堂

有这样一个故事:有一个人对自己坎坷的命运实在不堪忍受,

在绝望中寻找希望

于是天天在家里祈求上帝改变自己的命运。上帝被他的诚心打动,于是对他承诺:"如果你在世间找到一位对自己命运心满意足的人,你的厄运即可结束。"此人如获至宝,开始他寻找的历程。

这一天,他终于走到皇宫,询问万人之上的天子:"万岁,您有至高无上的皇权,有享受不完的荣华富贵,您对自己的命运满意吗?"天子叹道:"我虽贵为国君,却日日寝食不安,时刻担心有人想夺走我的王位,忧虑国家能否长治久安,我能否长命百岁,还不如一个快乐的流浪汉!"这人又去找了一个在太阳下晒太阳的流浪汉,问道:"流浪汉,你不必为国家大事操心,可以无忧无虑地晒太阳,连皇上都羡慕你,你对自己的命运满意吗?"流浪人听后哈哈大笑:"你在开玩笑吧?我一天到晚食不果腹,怎么可能对自己的命运满意呢?"就这样,他走遍了世界的每个地方,访问了各行各业的人,被访问的人说到自己的命运竟无一不摇头叹息,口出怨言。这人终有所悟,不再抱怨有残缺的生活。

说也奇怪,从此他的命运竟一帆风顺起来。

人们对事物一味理想化的要求导致了内心的苛刻与紧张,所以,完美主义者常常不能心态平和,追求完美的同时也失去了很多美好的东西。事物总是循着自身的规律发展,即便不够理想,它也不会单纯因为人的主观意志而改变。如果有谁试图使既定事物按照自己的主观意志改变而不顾客观条件,那他一开始就注定已经失败了。

第三章　绽放，在绝望的土壤上开花

童话中渔夫那贪婪的妻子，终于未能逃脱依旧贫穷的命运便是证明。现实中，我们许多人都过得不够开心、不够惬意，因为他们对环境总存有这样或那样的不满，他们没有看到自己幸福的一面。也许你会说："我并非不满，我只是指出还存在的问题而已。"其实，当你认定别人的过错时，你的潜意识已经让你感到不满了，你的内心已经不再平静了。

一桌凌乱的稿纸，车身上一道明显的划痕，一次你不太理想的成绩，比你理想中的身高、体重矮一些、轻一些，种种事情都令人烦恼，不管与你有多大联系。你甚至不能容忍他人的某些生活习惯。如此，你的心思完全专注于外物了，你失去了自我存在的精神生活，你不知不觉地迷失了生活应该坚持的方向，苛刻掩住了你宽厚仁爱的本性。

没有人会满足于本可能改善的不理想现状，所以，努力寻找一个更好的方法：用行动去改善事物，而不是空悲叹，一味表示不满；应该用包容的心去看待事物，而不是到处挑毛病，让不必要的烦恼来搅乱自己的心。同时应该认识到，我们可能采取另一种方式把每一件事都做得更好，但这并不是说已经做了的事情就毫无可取之处，我们一样可以享受既定事物成功的一面。有句广告词不是说"没有最好，只有更好"吗？所以，不要苛求完美，它根本不存在。

爱默生曾说：如果你不能当一条大道，那就当一条小路，如果你不能成为太阳，那就当一颗星星。决定成败的不是你尺寸的大

在绝望中寻找希望

小,而是做最好的你。

许多人都感叹命运不好,其实是他自己的活法不对。上一座山,刚上一小段,发现另一座美丽壮观,于是匆匆跑下来又开始登那座"美丽壮观"的山;刚登上一小段,又发现另一座更美丽壮观的山……如此下去,这些人跑来跑去,跑了几十年却仍在"山"脚下徘徊,当然又是命苦又是心累的叫个不停,可这怪谁呢?

最好的活法是顺其自然。这里的自然不是随波逐流,不是随遇而安,更不是醉生梦死地跟着别人走,而是指一个人弄明白自己的人生方向后踏踏实实地顺着这条路走下去,心安理得地不羡慕别人的成功更不会跑去盲目地跟着别人走。应该明白,鱼儿不会因为羡慕鸟儿就能飞上天空,小草不会因为羡慕大树就能发疯地长高,一个人更不能因为羡慕别人的成就就忘了去把自己该做的事做好。

每个人都有自己的长处和优势,也就是每个人都有自己的一座"山"。关键是找到那座"山",然后坚定地攀登上去。坚持登一座山的人一定能达到顶峰,坚持做一项事业的人一定能成功,坚持一种生活信念的人一定会幸福。

建立好心态的意义就是帮助你找到最好的活法,然后顺其自然努力去奋斗。既不感叹命运也不抱怨时代,当不了大树就当小草,当不了太阳就当星星,当不了江河就当小溪……明白自己是什么也就明白了自己该走的路,明白了自己的能力有限也就明白了不可能事事完美,就可以心安理得地坚定地走在自己选定的人生路上,就会在生活中创造出无穷的乐趣,就会在前进中开发出无尽的幸福与欢乐。

如果你有过于要求完美的心理趋向,又认为情况应该比现在更好时,一定要把握住自己,放弃苛刻的眼光,心平气和地承认生活的残缺,这才是成熟者的心态。

11　留住个性

不怕一万,就怕万一,凡事三思而后行,谋定而后动是没错的。但你知道吗?无论你自认为谋划得多么周密详尽,风险总会不期而至的。

有一年春天,有人问一个瘦弱的农夫:"你是不是种了麦子?"农夫回答:"没有,我担心天不下雨。"那个人又问:"那你种了棉花了吗?"农夫说:"没有,我担心虫子吃了棉花。"于是那个人又问:"那你种了什么?"农夫说:"什么也没种。我不去冒险,我要确保安全。"

一个不冒任何风险的人,只有什么也不做,就像那个农夫一样,春天不敢播种,到了秋天,只能眼睁睁地看着别人收获,自己却两手空空。他们回避挫折和风险,于是他们错过了很多。大笑后

在绝望中寻找希望

会心情舒畅,痛哭后往往雨过天晴;帮助人后心灵会变得高尚,暴露感情后心底坦荡;爱过后才知道什么是喜怒哀乐,希望后才能体会到梦想成真的快乐;尝试后才明白原来生活如此丰富多彩。他们被自己的消极心态所捆绑,就如同丧失了自由的奴隶。

恺撒大帝曾说过一句非常有名的话:"懦夫在死之前已经死过很多次,勇士却只死一次。"在面对无法改变的现实时,我们要学会坦然接受,并且敢于冒险尝试。对于那些我们无法逃避的事情,总是越躲越被动,而当你能够勇敢面对并迎接它们的时候,也许它们会在你的无畏面前退缩。

我们必须学会冒险,因为生活中最大的危险就是不冒任何风险。鸵鸟在遇到危险的时候常行掩耳盗铃之举,把自己的头埋在沙土中获得心灵上的解脱。我们成年之后,虽然知道好多事情不能逃避,必须要坚强面对,要冒风险,但还是在心底存留着那种逃避和找寻安慰的想法。其实,困惑和风险也是欺软怕硬的,你强他就弱,你弱他就强。我们要时刻记得,最困苦的时候,没有时间去流泪;最危险的时候,没有时间去犹豫。优柔寡断就意味着失败和死亡。不要忘记,承受风险的良好心态与抵御能力都是在这种充满风险的生活中磨练出来的。

可以毫不夸张地说,风险是无处不在的。一个人可能在事业上遭遇风险,可能在爱情上遭遇风险,也可能在旅游度假时遭遇风险。大多数人一生主要的生活都不是在假期中度过的,但是人们

第三章 绽放，在绝望的土壤上开花

总是会强调、会幻想假期多么重要、多么美好，尤其是相当一部分男性都希望有一个惊险刺激的假期。他们计划着也期待着这样的假期，好像那是他们一生当中惟一值得真正为它而活的时光。他们将最大的期望放在这个假期上，认为这几天的欢乐能补偿一年来的苦闷与日常生活的乏味。假期的快乐就是生活中惟一的快乐吗？日常生活中难道就没有快乐吗？

假期只是生活中的一小部分。大部分人都是花上一个星期或两个星期在假期上，其他时间还是以日常事务为主。结果花五十个星期去殷切期待仅只两个星期的精彩活动，难怪他们多数时候要觉得沮丧了。更重要的是，当你的心思都放在未来的兴奋计划中时，你的脑袋中就装不下现在的事物了。无法全神贯注此时此刻，发掘日常生活中随处可见的快乐，反而会将焦点集中在未来，而且只有短短的几天的假期。这不是丢了西瓜捡芝麻吗？

过高的期望可能会带来极大的失望。有这样一对夫妇，丈夫希望带孩子参加探险旅游，以锻炼勇气，但妻子怕孩子受伤，硬是强迫他们陪自己到海边玩，并详细地做了计划。在妻子的脑海中，把这个假期设想得很完美，以为一定是精彩得足以弥补丈夫和孩子的遗憾。她梦想着孩子会在沙滩上欢笑，感谢父母带给她们的欢乐时光。但结果妻子脑中的奇思妙想都被真实发生的事打败了。他们住的是一间小小的房间，好久以来他们全家都没有像这样挤成一团了。两个孩子比平时更爱斗嘴，也不赞成大人们选择

141

在绝望中寻找希望

的玩的方式,夫妻俩进退两难。海滩非常拥挤,游泳池也一样,太阳炙热烤人,这时妻子开始悔悟:一个人满意三个人不满意的假期和三个人满意一个人不满意的假期相比,她肯定选错了度假方式。总而言之,当一家人回到家中时,发现家中的空间更大,玩得更开心。

请不要误解,举这个例子并不是说没有冒险的度假不好,或是人不该期望假期,相信大多数假期都是非常精彩的。只是和纯粹休闲的度假相比,过有探险内容的假期会获得更丰富的经验与感受。如果在大部分的时间中总是不快乐或有压力,最好的解决之道就是尽快去制定你的冒险计划,等你真正去度假时既可以尽情地享受冒险之后的快乐,又可以帮助你很快从不如意的生活中摆脱出来。

只要怀着勇敢的心,只要你能谨记:"冒险会使我的生活丰富

多彩",就随时都可以挑战风险,随时能从平凡的生活中焕发出不平凡的光彩。事实证明,无论在事业上还是假日生活上,不怕冒险才能成为榜样。

12 "孤独"时才有真正的朋友

很多时候,我们情绪低沉,郁郁寡欢,有人会因此向别人抱怨说自己陷入了寂寞和孤独。其实了解了孤独的真正涵义以后,我们就会发现,所谓的情绪低沉、郁郁寡欢,不过是无病呻吟式的郁闷,是永远不会也不可能和孤独等同的。

多数人把孤独视为生命的苦境,但是请试着回顾人类历史的长河,试问哪一位天才人物不是孤独的呢?

人在小的时候,会因为孤独无靠而害怕,认为那是一种残酷的惩罚。即使长大以后,人们也经常是把孤独的状态归为不幸的原因。但是,我们想到过吗?由于亲友离去而意识到自己孤单地存在着,对比别人的方式而感到自己不同于他们,这不正是我们个体意识茁壮成长的标记吗?当我们投入芸芸众生之中的时候,能意识到自己是独立的人,具有与众不同的性格和风骨,这是多么难能可贵的幸运!

坚强的人欣赏孤独,懦弱的人害怕孤独。而后者总能导演出

在绝望中寻找希望

一幕幕平庸甚至悲惨的人生。一位温柔漂亮的姑娘与一位才华横溢的小伙子双双共坠爱河,因为小伙子家里太穷了,姑娘家里人就极力反对,认为他们门不当户不对,对姑娘软硬兼施,威逼利诱。姑娘在父母的压力下极力坚持,当小伙子知道自己爱的人为了他受到那么大的压力时,毅然地离开了姑娘。姑娘遭受重大打击后,万念俱灰,从此陷入了孤独,但她却因为缺乏人生历练,缺乏足够坚强的意志,最主要的是她缺乏欣赏孤独的智慧,于是很快便随意听从父母的安排,嫁给一位自己并不爱的花花公子。

当一个人情绪波动比较大或压力比较大时,仍然能做到冷静理智是一件很困难的事,这时候也是最危险的时候,因为我们可能丧失了清晰的分析能力,最容易作出糟糕、冲动的决策。而且,这种时候,人心底还会有一种尽快摆脱这种境地的渴望:我不想再这样下去了,随便哪条路,只要能摆脱现在就行。这位姑娘就作出了这样的失策之举。然而随着岁月流逝,在磕磕绊绊的婚姻生活中姑娘发现:她输给了自己,输给了她害怕孤独的不成熟的心态,结果使自己从一种伤痛走入了另一种永远无解的、更深的伤痛。

一篇哲思短语中这样解释孤独:一颗优秀的灵魂,即使永远孤独,永远无人理解,也仍然能从自身的充实中得到一种满足,它在一定意义上是自足的;一颗平庸的灵魂,并无值得别人理解的内涵,因而也不会感到真正的孤独。相反,一个人对于人生和世界有真正独特的感受,真正独创的思想,必定渴望理解,可是必定不容易被理解,于是孤独产生了。值得庆祝的是,最孤独的心灵,往往蕴藏着最热烈的爱,而且把爱由指定性的爱几个人升华为热爱人生,忘我地探索人生真谛,在真理的险峰上越攀越高,同伴越来越少,直至最后成为屹立于天地间的孤绝。

意大利影星索菲亚·罗兰曾经说过:"孤独来袭时,我正视自己的情感,正视真实的自己,品尝新思想,纠正旧错误;形单影只是给自己同灵魂坦率对话和真诚交往的绝好机会。孤独时,我和我的思维与书本做伴。"害怕孤独的主要原因是不知道如何和自己独处,所以,不妨试着观察自己的心,把孤独看成是另一种自由,在无拘无束的时候和自己的内心坦诚对话,或许,你会发现未曾有过的美好。

有一个很好的例子,说明了孤独与卓越的内在联系。一位学生打电话给他的老师,说他很孤独。可老师知道他是一个才华横溢的学生,有良好的成绩和超强的活动能力,还有着许多朋友和追慕者。但他重复说着:"我不寂寞,但我很孤独。"

事实上,孤独感是一种贵族化的情绪,不是庸庸碌碌的人所能拥有的。它是上天的赐福,是一种幸运。如果总是感到自己与别人的距离,特别是当你处在距离的前端,由此无人能与你进行直达内心世界的攀谈时,毫无疑问,你会孤独,但你却是优秀的。

大凡历史上的发明家,革命性的政治家,还有开拓性的实业家,都是内心深处的孤独者。他们大多在孩提时代就有深深的孤

在绝望中寻找希望

独感,并且在孤独中思索创造;他们从不四处申诉求告寻求理解,因为他们深知能够被人理解当然是幸运的,但不被理解也未必就是天大的不幸。只有庸人才把自己的价值寄托在他人的理解上面,那样的人以及那样的人生往往并没有太大的价值。

寂寞是一种情绪,孤独是一种境界。人没有理由怕情绪,同样没有理由怕境界。所以睿智的人不屑于寂寞,但却懂得欣赏孤独,因为,成大业者多孤独。

13 转身看世界

天天听到这样的抱怨:这太不公平了!可惜的是我们每一个人都不能成为生活的法官。在现实生活中过多地沉醉于那些公平的思考已经使我们中的好多人背上了沉重的"渴望平等"的包袱，从而完全演变成一种对生活和自己的苛刻。

有的人总是抱怨自己与别人干的工作一样多，但工资奖金却比别人拿的少。有的人总是认为那些明星的收入太高，时时抱怨不公平，并由此对这个社会失去了希望。他们想在生活的每一个角落寻求公平的落脚点，并总是把自己放在一个刚正不阿的法官的地位上裁断这世间各种不公平的事情，并痛心疾首地大声呼唤着"公平！公平！"

强求公正是一种自寻烦恼，过于注重外部环境的表现，也是一种逃避现实责任的好借口。在寻求公平的人的眼中，好像一个真正有意义的人生就是这么永远保持对公平的执着和追求。可是不公道的现象总是存在的，我们不能因为没有绝对公平的起跑线、绝对公平的竞争机会，就宣布退出人生的角逐和比赛。我们可以抗议，可以去争取，但更要在逆境中保持良好心态，在生存中不断增进自身实力，在精神上不为这种现象所压垮，然后努力使这个世界看起来公平一点。

在这个世界上，绝对的公平是不存在的，但得失恩怨之间其实是有一种规律、法则在其中运行的。天行有常，从一个较长的时间系统里去看，公平是存在的，就如同马克思对价值规律的表述一样：价格是价值的表现形式，价格围绕价值上下波动；从长期来看，价格与价值肯定是一致的。

在绝望中寻找希望

这段话同样适用于社会公平原理,从长期来看,社会肯定是公平的,但我们不可能任何时候、地点,任何事情都强求绝对公平,就如同你不能要求价格每时每刻都绝对等同于价值一样。

爱默生说:"……一味愚蠢地强求始终公平,是心胸狭窄者的弊病之一。"因为我们不可能对人生投"弃权"票,所以就必须在努力争取的同时,学会宽容,才能正视不公平。

当然,真正遭遇到不公平时我们仍然会心存不快,这时唱主角的就应是属于你的一份轻松平和的心态,它是化解种种不快的至尊法宝。

熟悉这首歌吗?"放轻松,放轻松,其实每个人都会心痛……洒脱不会永远出现在你的天空……"

这是一首一学就会的旋律轻松的歌曲,但若问"放轻松的意义何在"和"怎样放轻松"时,你能够轻轻松松地说明白其中的道理吗?在生活节奏日趋加快的今天,备感压力的现代人多渴望自己能够在紧张忙碌的学习、工作中松弛身心,减轻压力!而事实上却没有多少人能够如愿以偿。大多数人依然为生活所累,终日劳心费力、疲惫不堪。人们想松弛身心而做不到,因为他们没有深入思考应该怎样放松自己。

如果问及同事或朋友对"松弛身心"的涵义的理解时,你得到的答案多半不谋而合,他们会下类似的定义:"松弛身心是人们想像中将来某一天(开始)要做的事情,比如你可以在假期里满足你

第三章 绽放,在绝望的土壤上开花

的想像,到时候你可以看到海边的落日余辉,躺在吊床上看书,蓝蓝的天、暖暖的风;当你有钱后,你就可以放弃所有的工作,那时可选择的余地就更大了,住别墅、开车逛街或外出旅游……"可见,人们对如何松弛身心的看法都非常实际,遗憾的是有些片面。想想看,在繁忙的工作生活中,你能有几天假期把自己挂在吊床上吹风,尽情地放松自己?而等到有钱时,你有钱的标准是什么?人贪婪的本性也许会让你等到精力不允许你去补偿自己年富力强时放弃的缤纷色彩。也就是说,等到假期或是有钱后才想到该放松放松自己,意味着人们在其生活中的大部分时间里,心甘情愿地承受着匆忙紧张和焦躁不安的压力。而十分令人痛心的是,这大部分的时间又正是每一个人生命中最有价值的部分!生活不是紧急事件,我们每一天都应该调整好自我状态,在学习、工作之余努力放松自己,在点滴生活中发现美的闪光点,不可以让疲惫、无聊、等待的感觉浪费生命。

能否做到从每天紧张繁忙的学习、工作中挤时间给自己一点放松的闲暇,不但要看一个人的心理素质如何,更要找到一种事半功倍的方法。因此不管时间有多紧迫、任务有多重,只要感觉到工作效率开始下降、精力不再集中时,就要及时抽出时间调整,暂停工作并能及时转入放松状态。事实上,许多人在考试临近时是绝不肯每天分出一小时的时间来读散文、逛街或看电视的,他们总认为:"现在一刻也不能放松!等熬过了这一阵子,再去睡他一天一

在绝望中寻找希望

夜!"其实,每天有规律地做到张弛有度,我们不仅浪费不了时间,而且还可以节约时间。最好不要忘记,那种期待到了将来的某一时刻才开始放松自己的计划是不可取的!如果你现在需要放松,你就现在开始放松自己。谦和轻松的心态有助于激发潜能,最大可能地提高你的工作效率。只要时常保持一种平和轻松的心理,你就能在不知不觉中走向成功。要知道,创造力源于轻松和谐的思维;紧张忙乱的情绪只能给我们的事情添乱。有位成功作家向别人介绍经验时说:"当我感到紧张、压力大的时候,我就不会浪费时间试图写哪怕一个字;但等我恢复了轻松平和的状态后,我笔下的文章就源源不断地产生了。"我们不妨向她学习。

　　要使生活真的做到"放轻松",你就必须训练自己自如应对生活琐事的能力。生活由一出出戏剧组成,喜剧、悲剧、闹剧等不可避免地轮流上演,你必须具备化悲为喜的能力、严防乐极生悲的意识,才能随时保持一份轻松平和的心态,凭着这份稳健的自信去闯荡人生旅途的风浪。

第四章

发掘潜能,探寻生命中最珍贵的宝藏

每个人都有自己的不同追求,而快乐却是所有人共同的追求。快乐可大可小,生活中的一件小事可以让你快乐,理想的实现也可以让你快乐。有智慧的并且成熟的人,从不会去乞求别人使他快乐,只有他自己才能决定自己是否快乐。每个人的心灵都是平等的,只要善于发掘内心潜藏的宝藏,那平凡的生活、普通的日子,就有了不平凡的快乐、不普通的幸福。

在绝望中寻找希望

01 从"疯狂的忙碌"中解脱

现在人的生活方式可以用"疯狂"两个字来形容，无论是工作、教育孩子、做家务，有些人还参与社会活动、健身运动、慈善活动等等，都让我们忙乱不已。我们都希望能十全十美，做个好公民、好伴侣、好父母、好朋友。只要有可能，我们还希望生活中有点意外刺激。问题在于我们每个人一天只有二十四个小时，我们能做的事就只有有限的那么多。除了这些之外，现代更有许多推波助澜的工具，例如科技与更高层次的发明。电脑、高科技产品的发明使我们的世界"缩小"了，相对的，时间也不够用了。我们做任何事都比以前快多了，也使我们都变得没有耐性，任何事都要速成。有一些人，不过在快餐店中等了三分钟就大呼小叫，或是电脑开机的过程慢了一两秒就等不及了。当我们在等红绿灯或飞机晚点时急得团团转，完全忘了我们现今所搭乘的交通工具已经非常舒适又快捷了。不要忘了我们的生活已经变得越来越好了，着急的时候，抬头看看天。

一味地赶个不停，会让自己无法在所做的每件事情中获得快乐与满足，因为我们的重心不在此刻，而是在下一刻，所以难免总是有点力不从心的感觉。

保持在清醒状态比让自己保持清醒还重要。那会带给我们生活丰富的感受,是平时急急匆匆时所感受不到的,会带来神奇的效果。保持清醒的状态不但带来许多的好处,同时能让我们体会到真正的满足感。

其实,大部分人都在获得成功:找到了较好的工作、打赢官司、公司的职位上升、有一个幸福的家、假期旅游或任何好事临头,这些都是生命中的好事,也可以一直将焦点集中在这些大事上,做完这件做那件,好了还要更好。也许你在追求更好更多的同时,丧失了从日常生活中获得快乐的机会——美丽的笑容、欢笑的孩子、简单的善行、与爱人共享晨曦落日,或是一起欣赏秋天的树叶如何改变颜色等等。

在生活中,我们总是被欲望充斥内心,欲壑难填、急功近利。如果一天做六件事,却因为时间不够,每件事都匆忙潦草地做完,倒不如一天只做三件事,让自己从容不迫地做好每件事,使自己有心情享受生活中点点滴滴的小事。当然赶时间有时是生命的一部分,是不可能完全避免的,有时在同一段时间还可能要应付几个人,无论如何,这样的情形都有个人的因素。如果警觉到自己有急匆匆的倾向,就慢下脚步来,抬头看看天,想想生活中美丽的小事,让自己的心平静下来。如果能放慢脚步,即使只是慢一点点,你就会发现许多单纯的快乐。

简妮就有这种单纯的快乐,并足以作为典范。每一年,她都会在后院种几簇玫瑰,那种紫红色的。没见过有谁像她那样热爱玫瑰的。一天中有好几次,她会走去看这些花,有时嘴上还会说:"谢

在绝望中寻找希望

谢你们长得这么美,我喜欢你们……"她用爱心浇灌这些有如奖赏的花。时节到了的时候,她会将花剪下来,放在家中,让每个人欣赏。有朋友来时,她会送他们一束玫瑰花,这也让她和朋友分外满足。

你可以想像得出,这个单纯的快乐不只是让她家院子或房间中美丽而已,更使得朋友的生活非常的快乐而有意义,那种价值绝非一束花所能比拟的。从某个角度来说,那些花就有如她生活中的守护神一样。她渴望看到它们、照顾它们。当她想到花儿时会微笑,相信花儿让她保持了洞察生命的能力。她并不会将这种单纯的快乐当作鼓舞任何人的动机,但她看到它们在周围人身上也有了很好的影响。人们懂得她是为了某种单纯的事而快乐,看得出她的感恩的心情,使他们拥有了同样的感恩心情。

简妮也有忙碌的工作,但她努力不让自己像陀螺一样"疯狂"地转个不停,而是懂得忙里偷闲。其实静下心来想想,每个人都会找到一些单纯的快乐。例如,在灯下捧一本喜欢的书,一个人静听自己喜欢的音乐,到附近的公园走走,坐公交车给身旁的人让个座,这些简单的事都能带给我们快乐。我们享受的快乐越多,越能有达观的胸襟,活得越有滋有味!

从"疯狂的忙碌"中解脱,每个人至少能找到一两件单纯的快乐。无论是和老朋友聊天,或散步、兜风,甚至逛商店,对你都有非凡的意义,你的生活品质也会因此提高。

02 开发自身潜能

每个人都渴望有一个健康的环境发展自我,但这个环境只能是许多人的一个愿望。

娟生于一个知识分子的家庭,家里条件非常优越,从小到大,吃穿住行都比一般同龄的孩子强,她还是家里的独生女,一家老小都十分地疼爱她。

娟还是一个天生丽质的姑娘,浓眉大眼,皮肤白皙,乖巧伶俐,学习成绩优秀,老师对她也是偏爱有加。从上小学开始,娟就是班干部,但好像同学们对她不是很热情,她开始以为是她的工作没做好,于是尽力改进,但收效不大。她去向老师询问原因,老师告诉她,要团结同学,与同学们多交流,她又照着做了,但同学们对她还是很冷淡,她真不知该怎么办,偷偷的她在私下里问好朋友,才知道同学们都认为各方面不如她,都嫉妒她。她知道后并不十分在意,依旧热情地和同学们相处,情况有所改观,但她身边的朋友还是不如其他的同学多,但她已十分高兴了。

喜忧参半的中学生活不知不觉的过去了,她以优异的成绩考入了北京一所名牌大学,学习热门的计算机专业。娟并不认为上了大学就进入了天堂,依然刻苦学习,对于未来她有一番雄心壮志,她想要成为女"盖茨"。

在绝望中寻找希望

好强上进，课业全优，娟很快就成为班级和系里的"领导阶层"。加之她容貌出众，聪明机灵，在学生活动中经常抛头露面、挑大梁，校园中渐渐地传开了她的大名，娟成了众人公认的"校花"，是个典型的风云人物。

她毕竟太年轻，涉世不深，自认为只要自己各方面都过硬，一定会受到同学们的欢迎，所以她努力使自己成为全才。但没想到适得其反，她越出色同学们离她越远，时常会看到同学们在背后指指点点，尤其是女同学。有一次，她在操场搞活动，忘了拿些东西，就去班里取，正巧听见几个女同学在议论她：

"唉！人长得好就是管事儿，什么事都是人家先去，我真恨我妈怎么把我生成这样。"

"你也不差呀，打扮一下也一样，就是不如她会说话，这你还真得学着点，不服不行啊！"

"人家学习也好。真是的，老天爷真是不长眼，怎么优点都长她身上了，真气人。"……

听了这些她很生气，但她很理智，没有对她们大发脾气，她知道这是同学们在嫉妒她，她相信时间一长就好了。

她带着些许的不快继续干工作，在一起活动的同学问她怎么了，她如实讲了一遍，那个同学告诉她，她们确实是在妒忌她，要改善这样的关系，需要时间和她的耐心。

每当听到有人背后说她，她都尽力检讨自己，但反而有时不知怎么做才好。最要命的是有些男同学也对她敬而远之。

第四章 发掘潜能,探寻生命中最珍贵的宝藏

一次学校举办一场大型的交谊舞会,娟是个"舞林高手"。舞会那天晚上,她精心打扮了一番,花枝招展地出现在舞场。靓丽的她吸引了全场的目光,她努力向每个投来目光的人报以友好的微笑。然而,迎接她的却是女生的窃窃私语和男生的望而却步,没一个人请她跳舞。这场舞会令她终生难忘,因为,从头至尾,她都是这个舞场最美的"墙花"!

这件事对娟打击很大,她开始变得消沉,话越来越少,整天闷闷不乐,她真不知道该怎样与人相处,难道美丽和智慧也是错误吗?

现实生活中像娟这样品学兼优、气质出众的人并不少见,遭到同事或同学的嫉妒也是常事,关键是如何调整好自己,进而协调周围的人际关系。

要将人际关系协调好,首先应培养具有吸引力的个性。迷人的个性,就是一种圆满发展的个性。

个性其实是一个人特点与外表的总和,如所穿的衣服、脸上的线条、声调,还有思想品德,这些都是个性的组成部分。

我们提倡个性飞扬,但不能张扬,娟虽然既漂亮又有能力,但有时某些行为不免有些考虑不周,连老师都敢"叫板",在成熟的人的眼里,她是对的,但在有些狭隘的人的心里她太傲,况且众人都认为她已经够优秀了,这样"总表现自己"会使人觉得另有企图,比如"当干部""得奖学金"等,原本单纯的行动变得斑点多多。其实这只是小事,在水平相当的人之间不算什么,但在彼此相差很远的

情况下,就是一个值得注意的问题。在人际交往中,要注意你面临的对象,斟酌自己的言行可能带来的后果。

心态好的人会让嫉妒成为激励自己的动力,因为只有不如你的人才会妒忌你,他们说的越多表明他们越不如你,何苦和比你差的人生气呢!

03 把生活变成诗歌

人生就是一串由无数的小烦恼和小挫折串成的念珠,豁达的人在数念珠时总是带着笑容。面对不如意的时候,拿一杯葡萄酒对着太阳看看,前途总是玫瑰色的,没有比这更可爱的了。生命太短了,不要因为小事而烦恼。

邝昕,在别人眼中,英俊潇洒、风度翩翩、说话风趣幽默的他,生活一定丰富多彩。而谁又能想到,他心里想的最多的两个字却是"郁闷",只要他一个人的时候,沮丧、忧郁、痛苦深深地包围着他。大学时期的邝昕是从鲜花和掌声中走过来的。他学习成绩好,工作能力强,老师、同学都喜欢他,而且远在千里之外的家乡,还有他深爱着的、同样优秀的女友。在毕业时,各方面条件都很优秀的他,毫不费力地在省城找到了一份人人羡慕的工作——在一家最大的外资企业做市场分析。邝昕刚走上工作岗位就崭露头角,把工作中的每件事都做得漂漂亮亮、无懈可击。他也为回到分离四年之久的女友身边而备感幸福。然而,他殷切期盼来的却是:女友要求与他分手,而且她并没有给他一个分手的理由。这严重地伤害了他的自尊心,他想本着"凡事不服输"的态度将女友挽回,然而一次次努力,一次次失败,女友只是一味地躲避他。从未有过的挫败感让他一蹶不振,他一下子掉入了生活的低谷中,他变得沉默、懒散,精神的恍惚与注意力的分散也使他在工作中出现了几次失误。

郁闷,也就是一个人忧郁寡欢的一种消极情绪表现。一个人长期忧郁寡欢可能导致悲观失望、情绪低落、缺少乐趣、缺乏活力,有的甚至会整日里自责自咎,严重的会产生轻生的念头。过度的忧虑,往往是由于经受不住突发性的强烈打击而形成的,它是危害心理健康的直接原因。《淮南子·原道训》中写道:"忧悲多害,病及在积。"这种情绪如不及时调解,任其发展下去,会导致生理上的病变,例如:头痛头晕、心慌没劲、恶心呕吐、长期失眠、食欲很差、体力衰退等等。

每个心智健全的人都会有烦恼,而且是各式各样的意想不到的烦恼。除了由恋爱、婚姻和家庭方面所引起的烦恼外,在人生漫长的旅途中,还会遇到工作、学习和生活各个领域的形形色色的烦恼。这些烦恼剪不断、理还乱,时刻纠缠你的心灵,使你心烦意乱,有时候像蛀虫一样,无休无止地啃噬着你的心灵,使你陷入痛苦的深渊。正常的人不会无缘无故地烦恼,所以,当你觉得郁闷又袭击你时,问问自己:"我为什么郁郁寡欢呢?"

在绝望中寻找希望

每个人的一生都不是一帆风顺的,"天有不测风云,人有旦夕祸福。"有时生活中的挫折、工作上的不如意会让一个人烦恼不堪,尤其是当这个人很少经历失败时,一个小小的挫折也会让他情绪低落,顿生忧虑烦恼,宛如乌云笼罩住他的心,而他却无力拨开乌云见阳光。

对生活、工作的厌倦,也是一个人易忧郁的原因。由于一个人不能总换工作,总生活在不同的地方,他们挖掘不到生活中的点滴美,认为工作单调乏味,生活一成不变,每天都是前一天的重复,继而产生忧郁的心理。工作上的停滞不前与工作、生活的重复会增加一个人内心的疲劳程度,当人们无法从中解除出来时,烦恼就产生了,并不断膨胀,以至占据整个内心。

一些缺少目标的人也易产生烦恼。如果一个人时刻有所期冀、有所希望、有所追求的话,那就会在大脑皮层上不断地产生一个个兴奋中心,使他处于精神振奋的状态,没有多余的心思去烦恼、去郁闷。邝昕的烦恼就是因为失恋带来的痛苦使他的生活方向突然发生改变,事先没有一丝儿的预兆,这让他措手不及,生活的重心失去了平衡,他找不到自己的位置,于是在失望的黑暗中迷失了方向,他内心只留下了伤痛与烦闷。

还有一些烦恼是自找的。因为烦恼是主观上的一种情绪体验。你感到烦恼的事情,对于别人来讲就未必会同样产生烦恼的情绪体验;别人感到烦恼的事情,你也未必会同样地感到烦恼。庸人自扰、杞人忧天大多是指本不应该有烦恼,但因内心空虚、无所事事而胡思乱想。人们感到烦恼的事情,往往是没有发生的事情,甚至事实上不至于发生的事情。人们总是因为今天的不完整而为明天忧虑,寻找不必要的烦恼。如果一个人紧张忙碌地做一件事,他是不会感到烦恼的,也可以说他没有时间去顾及烦恼。

忧愁、烦闷可以使一些有才华的人沦为失败者,它们摧残意志不坚强者的志向,削弱他们还没有完全成熟的自信心。因此,可以说忧虑的心理是一种极为有害的心理腐蚀剂。我们应该怎样消除忧郁情绪、解除烦闷心理呢?

心理学上有一条最基本的定理:无论一个人多聪明都不可能在同一时间想一件以上的事情,所谓"一心不可二用"。人只能轮流地想一些事,而不能同时想两件事。人的情感也是这样,我们不可能既快乐、同时又忧虑。在同一时间里,一种感觉会把另一种感觉赶走,这个看似简单的发现,使得很多心理治疗专家创造出无数奇迹。工作,让你忙起来——这是精神上最好的治疗剂,对大多数人来说,在做日常工作忙得团团转的时候,忧虑就会远离他。可是一旦闲下来——就在我们自由自在享受悠闲和快乐的时候,忧虑的魔鬼就会来袭击我们。这时,如果能把时间分开,是一件非常好的事情,使自己有一种可以主宰自我的感觉。所以,让自己忙起来,你的思想就会开始敏锐——让自己一直忙着,这是世界上最廉价的一种药,也是最有效的一种药。

烦恼的最佳"解毒剂"就是运动。若发现自己有了解不开的烦恼,就让运动来把它挥散出去。这些活动可以是跑步,可以是打球,也可以到野外散散心,欣赏欣赏奇美绝妙的大自然。总之,适当的锻炼活动能使我们精神振奋,忘记悲伤,恢复信心。肉体疲倦了,精神也随之得到休息。当你烦恼时,多用肌肉,少用脑筋,其结果将会令你惊讶不已,再回去工作时,就会精神清爽,充满活力。所以,烦恼时是健身房、运动场、大自然,在那里,总会有意外的收获。

让自己变得简单,让生活变得简单,在种种欲望之外拥有一份简单的生活,不也是一种非常惬意的人生吗?毕竟,你不用再想尽办法去追名逐利,不用再去在乎别人看你的眼神,心灵没有了枷锁,人也会变得快乐而自由,能够随心所欲,该哭的时候可以哭,想笑的时候可以笑,虽然不会飞黄腾达,但是又有什么关系呢?

当生活变得简单,你会发现它非常迷人:蓝天白云,青山绿水;找一个阳光和煦的午后,你在阳台与好友喝茶聊天,直到太阳快要落山,余晖照在你们身上……简单是一种美,并且是一种高品位的美。简单是一种美,美得朴实,它为生活谱写着诗歌。

一个人要走的路程很遥远,我们要学着控制一些东西,简单生活,才能在征程中多一些快乐,少一些烦恼。

04 清扫心灵的尘埃

一个真正的艺术家,不仅善于享受人生中寻常的赏心乐事,而

第四章 发掘潜能,探寻生命中最珍贵的宝藏

且还能达到这样一个境界,即一个享受痛苦的境界,痛苦越深,他从中获得的享受越多、越强烈。

痛苦真的可以"享受"吗?几千年来,人们为这个既诱人又令人困惑的问题绞尽了脑汁。

最早对这个美学之谜进行完整系统研究的是古希腊的柏拉图。他在《斐列布斯篇》中通过苏格拉底与普洛塔库斯的对话第一次提出了痛感与快感的混合问题。苏格拉底认为像愤怒、恐惧、忧郁、沮丧、哀伤、失恋、妒忌、心怀恶意之类的情感是人类心灵特有的痛感,但这种痛感又充满着极大的快感。他引出荷马《伊里亚特》中的"愤怒惹得聪慧者也会狂暴,它比蜂蜜还要香甜"来证明这个看法。但是他在解释这个现象时是含有错误成分的,因为他把人们看喜剧和悲剧时那种痛感夹杂着快感与"心怀恶意的人在旁人的灾祸中感到快感"这两种截然不同的感情混为一谈,甚至用后

163

在绝望中寻找希望

者的规律来解释前者,解释一切快感与痛感的混合。

无论何时,人类都应该感谢黑格尔老人,他的话虽然是研究宗教徒心理而不是直接谈艺术的,但却给了我们无限的启迪。

黑格尔在《美学》二卷中曾透彻分析过宗教殉道者的心理,认为殉道者为了天国不惜忍受痛苦和死亡时,他们是把痛苦和对于痛苦的意识和感觉当作真正的目的,在苦痛中愈意识到舍弃的东西的价值和自己对他的眷恋,便愈发感到把抛弃它们这种考验强加给自己身上的心灵的丰富。

宗教殉道者的享受痛苦当然与艺术家的享受痛苦不可同日而语,有着本质上的区别,因为前者是舍弃人生,而后者却是最珍爱人生的。但是宗教殉道者的享受痛苦与艺术家的享受痛苦有着形式上的一致性。

换句话说,当人们在人生道路上遇到挫折、感到痛苦时,一般人往往沉溺在痛苦中不能自拔,而一个艺术家却从痛苦中超越出来,他从痛苦的生活中获得了在平静的生活中无法获得的心灵的丰富,他感到他过了双倍的生活,他认为这才是人生的精华,正是他引以为幸、引以为豪的地方。例如小说《黑骏马》中的主人公的内心独白就典型地表现了这种奇特的享受:

直到如今,仍然有人认为,即使失去了这美好的一切;即使只能在忐忑不安中跋涉草原,知道找到自己往日的姑娘的希望渺茫,而且明知她已不再属于自己;即使知道自己只是倔强地决心找到她,而找到她只能重温那可怕的痛苦——他仍然认为,自己是幸福

第四章 发掘潜能,探寻生命中最珍贵的宝藏

的。因为毕竟那样的生活过……哪怕现在正踏在古歌《黑骏马》周而复始、低徊无尽的悲怆节拍上,细细咀嚼着那些应该接受的和强加于自己的罪过与痛苦,他还是觉得,能做个内心丰富的人,明晓爱憎因由的人,毕竟还是人生之幸。

享受痛苦证明了无忧无虑和享乐哲学并不是真正的幸福。

一个人无忧无虑,没有经过现实斗争的洗礼,只能说还处于精神幼年时期,这时的欢乐和幸福是表面的、脆弱的,正如卢梭说的处在自然状态的儿童所享受到的只是不完全的自由。而当一个人成年以后如果仍然养尊处优,无所事事,也只能算作精神上的儿童,这时他的无忧无虑将成为他内心不自由和痛苦的根源。我国西汉时期枚乘写的一篇著名的赋《七发》,就很典型地说明了这种情况。楚太子长期生活在糜烂的酒色之中,他内心是不自由的,只有冲出宫廷,冲出帝制樊笼,去领略人生道路上的种种艰难,才能最终成为一个正常的人、优秀的人、内心丰富的人,才会觉得自己真正存在过。生活就是意味着感觉和思索,饱受苦难和享受快乐。我们的感觉思想所包含的内容越是丰富,饱受苦难和享受快乐的能力就越是强大和深刻,我们就生活得越好。一瞬间这样的生活,比醉生梦死、愚昧无知地活上一百年,要有意义得多。我们先得有饱受苦难的能力,然后才会有享受快乐的能力。不知道苦难的人,也就不明白快乐;没有哭泣过的人,也就不会感到喜悦。有些年轻人讲究享乐,但是他们不知道这样的一味追求感观享乐恰恰是以牺牲人生最崇高、最美好的欢乐为代价的。

在绝望中寻找希望

享受痛苦的原理证明了中国式的"逍遥游"也不是真正的幸福。

中国古代的老庄哲学主张绝圣弃智、无知无欲，主张成年人都返回到婴儿状态，主张无为，主张隐逸，退出熙熙攘攘的人世竞争，喜怒哀乐不入于胸臆，从中获得人与自然的和谐，颐养天年。这就是所谓的"至乐"。这种淡化生命意志的幸福观、至乐观在我国有着深刻的影响。近年来，有不少学者对此也评价甚高。实际上，这是一种消极的幸福观、自由观。按照这种哲学获得的所谓"至乐"并不是真正的最高幸福，而是一种虚假的、至少是片面的不完全的幸福快乐，是一种囿于现实的、无可奈何的幸福。尊重自然规律，获得人与自然的和谐，颐养天年当然也可以说是一种自由、一种快乐，但是这种自由和快乐只是人类全部自由的一部分，而且是相对不重要的一部分，而另一种人与人的矛盾的解决才是更重要的自由。何况天人合一、颐养天年如果以退出人与人的矛盾为代价，那么这种自由本身也犹如建筑在沙滩上，是十分脆弱的，是经不起风浪考验的。

当然，我们讲的享受痛苦也并不是像尼采那样盲目崇拜苦难、自寻苦难，而是讲的：第一，要尊重社会自然的客观规律，即承认人生是无法回避苦难的；第二，更重要的是要善于超越这种苦难，从中获得解脱，要善于去享受这种苦难。这对于一个艺术家和一部文艺作品尤其重要。这是享受痛苦原理在艺术创作上对我们的又一启示，这个启示告诉我们：简单地表现苦难、暴露苦难并不能造就真正的艺术家和文艺作品。这里不要说那种明显缺乏艺术魅力的伤痕文学、暴露文学、问题小说，就是被一些人视为艺术高峰的现代派作品也常常是宣泄痛苦有余，享受痛苦不足。例如自波德莱尔开创的直接描写丑恶、描写死亡的创作倾向确实已走到了艺术的边缘，有的作品处理得好，可以使人获得享受痛苦的欢乐，读来颇有味道，但弄不好很可能就会背离艺术的根本宗旨，为丑恶而写丑恶，为死亡而写死亡，这样的作品常常只能有哲学上的意义，而很少有艺术上的价值。

总之，享受痛苦确实是证明一个艺术家的价值的重要标志，但是要正确掌握这个本领，或者说要真正具备这种较高的艺术修养，并不是很简单的，也并不只属于有志于艺术、献身于艺术的青年们。清扫心灵的尘埃，所有的人都能在享受痛苦的修炼中登上人生的顶峰。

05　独具匠心，造就传奇的力量

"对不起，我头脑不灵活，就算我竭尽全力地想，也想不出什么好主意！"这是要求一个人出点新颖主意时的典型答复。我们大多数人对自己的创造能力完全没有信心，都以为有创造力或没有创造力是天生的，谁也无能为力。

这种观念已被证实是错误的。美国一些大学和工业界举办的

在绝望中寻找希望

课题显示,创造力可以培养。例如布法罗大学有过一个研究计划,把选修用创造性思维解决问题课程的研究生,与未选这种课程的研究生分成两组加以测验。结果显示,选课的一组在产生新颖主意的能力方面平均比另一组强94%。

用创造性思维解决问题的课程开始时通常是一些促使心智灵活的练习,例如,老师可能问:"你怎么安排五个9,使它们加起来等于1000?"经过五分钟默默思考之后,每十个人中大概有一个可以得到正确答案。

一块石头,你能想出多少种用途?初学的人一般在五分钟内可以想到6到8种用途,包括铺路、攻击和压东西。在修完课程中"实践创造性思考"的原则和技巧以后,他们想到的用途平均是15到20种,包括抵挡洪水、充当磨石等。

研究创造力的著名学者欧士朋所著的《想像力的应用》一书,是多数创造性思考课程所用的教材,书中阐述了提高创造能力的几条原则,其中有这样三条:

(1)清楚认定问题。这听起来似乎很简单,但是即使表面很简单的问题,也未必能说得很明确。一个年轻母亲问老师:"怎么才能使我的儿子早餐时高兴地吃鸡蛋呢?"老师反问:"你为什么要他吃鸡蛋?"答复是:"因为鸡蛋富于有助身体发育的蛋白质。"因此如果说得正确点,问题就变成:怎样才能帮助孩子得到足够的蛋白质?不久以后,这位年轻母亲的孩子,就不必在为吃鸡蛋发愁了,因为早餐改成了他最喜欢的食物牛肉饼了。

（2）考虑一切可能的解决方法。明智的决定来自于许多可行方案的抉择。你如果希望有一大堆主意,你就要慢点批评。"绞脑汁"会议就是一个很好的方法。包括十几个到二十几个人的一群人对一个特定的问题尽可能提出解决方法,越多越好。一个人的思想会激发另一个人的思想,所以一次主持有力的简短"绞脑汁",可以产生数量惊人的妙主意。一项严格的规则就是必须暂停一切批评,不许讥笑别人的主意。

例如,一群人面临的问题是:一枚水雷已经漂近一艘下锚的驱逐舰,近得来不及发动引擎逃避,请问有什么办法可以挽救驱逐舰？提出一大堆建议之后,有人开玩笑说:"让大家到甲板上去,合力把水雷吹走！"这个显然不切实际的建议却启发了另一与会者的想法:"搬水管来冲,把它冲走。"事实上,这就是某次战争中一艘驱逐舰真的碰到这种险境时船员采用的办法！

（3）搁置问题。在经过一段长时间似乎徒劳无功的努力之后,最好暂时把问题转交给潜意识。我们大脑中非常复杂但也非常先进的"计算机"会在潜意识里进行神秘的计算。然后有一天,一星期或者更长的时间,在某个特定时刻一个意想不到的答案突然涌上心头。

乔治·西屋为了怎样能使一长列火车车厢同时停驶,冥思苦想了好多年。后来他读到将压缩空气用管子输送到几里以外的山中打洞机的报道,答案也快速闪现:他要用管子把压缩空气输送到他的长列火车上,用空气刹车使它们停驶。不过这种灵感是长期储备和思考以后才来的。如果条件相同,知识最丰富的人,将是最富创造力的人。

如果你碰到一个问题,先要仔细想个透彻,直到你能够清楚地说明它到底是什么问题。然后独立或借家人、朋友、同事之助找出解决问题的一切可行办法,暂时不作评判。写下你所有的主意,隔一两天之后,挑出最好的主意,你也许就能得到你要找寻的答案了。

你要坚信:没有做不成的事,只有想不到的事。

06　从一座山峰到另一座山峰

她是一位世界纪录的创造者,她成功登上了日本的富士山,她的名字叫胡达·克鲁斯。

这些都不足为奇是吗?那么,如果你有幸活到九十五岁,你也能登上富士山吗?而胡达·克鲁斯的壮举却验证了这个事实。

当别的年届七十的老人,认为到了这个年纪可算是到了人生的尾声,并且开始安排后事时,她——胡达·克鲁斯,却在学习登山,因为她相信:一个人能做什么事不在于年龄的大小,而在于你是否力所能及和对这件事有什么样的看法。于是,在七十岁高龄之际她开始接受登山训练,攀登上了几座世界上颇有名的山,最终以九十五岁高龄登上了日本的富士山,打破攀登此山年龄的最高纪录。

第四章　发掘潜能,探寻生命中最珍贵的宝藏

七十岁开始学习登山,这不能不说是一大奇迹。但奇迹是人创造出来的。成功者的首要标志,是他永远以积极的思维去思考问题。一个人如果总是采用积极思维、不怯于接受挑战和应对麻烦事,那他就成功了一半。

一个人能否成功,完全取决于他的态度。成功者与失败者之间的差别是:成功者始终用最积极的思考、最乐观的精神和最有效的经验支配和控制自己的人生。失败者则刚好相反,因为缺乏积极思维,他们的人生是受过去的失败和疑虑所引导和支配的。他们徘徊在失败的阴影里,只能眼看着别人成功。

我们不知道胡达·克鲁斯的近况,也不知道她年轻时的生活状况,但可以肯定的是她是长寿之星,而她的长寿秘密是她从来不把年龄当作逃避的借口的优良心态。

当青春一去不复返,眨眼间到了40多岁的时候,不是很多人会这么想吗:40岁的人了,还追求什么时尚呀?那些玩艺儿都是年轻

在绝望中寻找希望

人的事,这辈子就这样了。

每个人都有诸多的遗憾:比如想旅游的人有时间时没有钱,有钱时却又没有了时间;想创业的人有能力时没机会,有机会时却又没了能力;靠体力吃饭的人年轻时用健康换金钱,老了又用钱来买健康等等。但最大的悲哀莫过于心灵归于死寂,总是想:我年龄大了,已不属于这个时代了,不会有属于我的辉煌了!

人到中年,最容易产生这样消极的想法,认为自己这辈子已经步入一个既定的轨道,不再有种种年轻的冲动和欲望,只要安分守己按部就班地走下去就行了。

这种斗志和进取心的消失是最可怕的,它意味着已习惯了自甘平庸与落魄。曾听过这样一个故事:一个算命先生为一个人算他的将来,说这个人20多岁时诸多不顺,30多岁时虽多方努力仍一事无成,那人焦急地问:"那40岁呢?"算命先生说:"那时,你已经习惯了。"

这是一个让人的内心猛然一震的故事,竟有种醍醐灌顶的感觉。而那些曾经努力过、但是没能成功而最终选择了放弃的人,有一种心疼的感受。经过生活一系列的磨难之后,难道我们真的要被迫接受一种无奈的现实,麻木不仁地走向人生的终点吗?

"决不!"我们要在心里大声对自己说。经过这十几年的磨练,你也许没有取得别人眼中的成功,但这并不意味着自己就完了,就必须放弃。也许你已经把年轻时的万丈雄心收起,知道自己只是一个普通人,只是在做着一些普通事。你的心境归于平和,但绝对不能趋于死寂,要像胡达·克鲁斯老太太那样,设定一些自己力所能及的、切实可行的目标,让自己每时每刻都有一颗积极的心,尽力干好并享受自己手头的每一件事,执著地爬上属于自己的高峰。

如果梦想不去实现,那它终将变成幻想。每个人都有梦想,但并非每个人都有实现梦想的决心和勇气。有些人将梦想束之高阁,有些人将梦想供在神坛,有些人将梦想抛之脑后,他们或认为梦想只可远观,或认为梦想是难以逾越的险峰,抑或认为梦想不过是不切实际之人的痴言梦语。有时候想得太多,也不是好事。其实,如果他们能放下对梦想的那么多成见,将梦想付诸实践,那么梦想便不再遥不可及。

07　寻找真实的自己

有几次听见人说:"我太平庸了!"不知道他是拿什么和自己相比较?和科学家比知识不足吗?和企业家比资产不多吗?和商人比头脑不够用吗?和某个男士比不够英俊潇洒吗?和哪个女士比不够美丽可爱吗?一个人想要集他人所有的优点于一身,是很荒谬的。

一天深夜,心理学家的电话铃突然响起,教授拿起电话,电话那边传来一位男士的声音,那声音气喘吁吁,急不可待:"老师,您一定告诉我应该怎么办⋯⋯"原来,这位男士和教授住在同一幢楼。当晚,他发现儿子仿照他的笔迹在试卷上签名,因为那张试卷

在绝望中寻找希望

的分数不及格。他怒不可遏,拿碗就朝儿子摔去,妻子本来也生儿子的气,见他失常打儿子,又同他争吵起来,儿子负气深夜离家出走了,他担心儿子出事,更担心15年的婚姻出现伤痕,惶惑极了。

"我打儿子我也心疼啊!这么晚了我也担心他,可是'严是爱,松是害'啊!我这辈子就是太平庸,太没有出息了,在人前老也抬不起头。不能让儿子以后也走上我这条路,那时后悔就晚了啊!"这位父亲在电话那头唉声叹气,原来症结在这儿!

这位父亲的经历和大部分同龄人相似,他与他爱人都没有上过名牌大学,从事的职业也不是热门,由于他属于老实巴交、沉默寡言、小心谨慎的那种人,同时也没有什么突出的才能与技术,公司减员时,因他多年勤勤恳恳地工作,小心翼翼地做人,出于照顾,没有让他下岗,这点照顾,他不知道应该高兴还是应该羞愧。他也有过"下海"的念头,可考虑到他自己不善交际,缺乏手腕,又放弃了这个想法。当他看着以前的同事、朋友,升官的升官,赚钱的赚钱,买楼买车,他为自己不能送儿子去贵族学校念书而羞愧,也为不能带爱人出入各类高档的商场而有愧于心。他的这种心理状态随着年龄的增长而日益增强。

所以,他将自己想获得高学历、高职位、出人头地的人生理想,全都倾注到了儿子身上。他无论如何也不能接受儿子将来也成为一个"平庸的人"!

"做个平庸的人很痛苦吗?"教授问道。"那当然,像我这样窝窝囊囊地过一辈子,跟没过一样!"教授没有再说什么,只提出一个要求,让他好好想想,把他认为对自己满意的一些小事写出来,明日带来给他看。电话挂了。

第二天夜里,他按约定的时间来了,从上衣口袋里掏出折得整整齐齐的几页纸,递到教授手里,只见上面写道:

我庆幸我做过这样的事情:

在家里经济最紧张的几年里,我早出晚归、不辞劳苦地工作,将细粮换成粗粮,省下钱和粮票,帮助父母将两个弟弟和一个妹妹拉扯大,让他们有机会读书,现在他们都有了一个好的归宿。

在农村做了两年民办代课教师,直到今天,那些我曾经教过的学生,现在都已经儿女成双了,他们从乡村进城来,碰到我时仍会叫我一声"老师"。有些学生现在过年过节还来看我。

娶了一个温柔贤惠的妻子,她跟我同甘共苦将近20年,对我的平庸毫无怨言。

儿子很懂事,从不向我们要这要那,其实他学习也一直很努力。

公司让我保管仓库钥匙,我从来没有出过差错,保管的货物我心中都有一本明账,随要随取,从未让人久等。

有几个知心朋友,彼此从不互相瞧不起,他们常来家里坐。

父母身体仍然健康,他们一直都很爱我。

……

所有的内容都是毫无体系可言,可见,他是有所感而写的,都是些琐碎的事。

在绝望中寻找希望

教授问他目前心情是否有些变化,他回答说似乎好一些。写着写着,觉着有些道理了,似乎看到了这些小事的另一面。教授笑着回答说:"答案已经由你自己找到了。"

教授告诉他最近有家信息公司做社会调查,发现85%的女性已倾向于接受平凡而实在的丈夫,想找个万人迷式的或身怀绝技的丈夫简直寥寥无几。这个调查是由一篇笑话引出来的,因为有不少女性在网上发表文章,认为猪八戒比孙悟空更适合做个老公,这反映了姑娘们眼光的一种变化,一种从绚丽归于平凡的现实需求。现代社会,早过了骑士年代,人们更渴望一种自然人性的回归。像这位自愧平庸的父亲,多年来他忽略的自身价值对许多人来讲,是多么不可或缺的啊!他曾经教书育人,俗话说,"十年树木,百年树人",他的功劳不可忽视,他的学生感激他;他曾经帮助家庭渡过难关,扶助弟妹成长,他的父母弟妹爱他会比爱一个有钱而没人情味的人多上几百倍;他一直以来忠诚、真挚地对待妻儿,难道这不是他能给予他们最好的礼物吗?

教授劝他将人生价值的目标从高不可攀的尺度上,降到一个更合乎自身实际的位置,尤其是对儿子的期望,不必定得那么高,人世间哪能有不许回落、不许起伏、只能成功不能失败的道理呢?何况考试成绩有太多的主观因素,最好给孩子更多的鼓励,要想让他成为家长希望的人,就照所希望的样子去表扬他,这一点每个人都不应该忘记!希望自己更有钱,渴望得到更高层次人的尊敬,想把生活品质提高到更高一个档次,并没有错,但如果物质上达到小康,精神上健康快乐,即使算不得"成功人士",当不成"资本家",就做社会上平凡的一分子,又有什么可以痛苦的呢?他上班恪尽职守,下班后有一个温馨的小家,钱不多而够用,社会知名度为零却有爱自己的亲人和可以谈心的几个好友,也是一种幸福呀!所以,不必为不能送儿子进贵族学校、不能送妻子珍珠翡翠而愧疚,因为生活不仅仅由这些组成。儿子一次优异的成绩、妻子一个舒心的微笑、朋友一次意外的拜访,这些不都是幸福的时刻吗?

很多人不愿承认自身的真正价值,是很多精神和心理问题的潜在原因。一位教育家曾经说过:"没有比那些不肯承认自己的人更痛苦的了。"

对此,让我们来谈谈所谓平凡的问题。人生是多种多样的,不能只用"伟大"和"平庸"两个词来形容。在专业化日益提倡的今天,人的分工越来越细,人的才能的分化也越来越明显,在某一领域的专家,在许多的领域往往是一窍不通。所以,平凡人士并不是在生活空间的每一部分都显得平淡无华。正因如此,没有发现自己潜能的"平凡人士"只要发现自己"平凡"的潜能就能生活得很快乐,甚至比没有好心态的所谓"成功人士"更快乐。

威廉·詹姆斯说:"一般人只发展了10%的潜在能力。跟我们应该做到的相比,等于只醒了一半。对身心两方面的能力,我们也只用了很小的部分。事实上,一个人只等于活在他极有限的空间的一小部分,他具有各式各样的能力,却很少懂得怎么去利用。"

平凡中有快乐,平凡中也充满了希望。

在绝望中寻找希望

08 黑暗一捅就破

很多人这样对自己说：我已经尝试过了，不幸的是我失败了。其实他们并没有搞清楚失败的真正涵义。

每个人的人生之路都不会一帆风顺，遭受挫折和不幸在所难免。成功者和失败者非常重要的一个区别就是对挫折与失败的看法：失败者总是把挫折当成失败，从而使每次挫折都能够深深打击他胜利的勇气；成功者则是从不言败，在一次又一次挫折面前，总是对自己说："我不是失败了，而是还没有成功。"一个暂时失利的人，如果鼓起勇气继续努力，打算赢回来，那么他今天的失利，就不是真正的失败。相反地，如果他失去了再战斗的勇气，那就是真输了！

美国著名电台广播员莎莉·拉菲尔在她30多年职业生涯中，曾经被辞退18次，可是她每次都调整心态，确立更远大的目标。最初由于美国大部分的无线电台认为女性不能打动观众，没有一家电台愿意雇佣她。她好不容易在纽约的一家电台谋求到一份差事，不久又遭到辞退，说她思想陈旧。莎莉并没有因此而灰心丧气、精神萎靡。她总结了失败的教训之后，又向国家广播公司电台推销她的清谈节目构想。电台勉强答应录用，但提出要她在政治台主持节目。"我对政治了解不深，恐怕很难成功。"她也一度犹豫,但坚定的信心促使她大胆地尝试了。她对广播已经轻车熟路,于是她利用自己的长处和平易近人的作风,抓住7月4日国庆节的机会,大谈自己对此的感受及对她自己有何种意义,还邀请观众打电话来畅谈他们的感受。听众立刻对这个节目产生了兴趣,她也因此而一举成名。后来莎莉·拉菲尔成为自办电视节目的主持人,并曾两度获得重要的主持人奖项。她说:"我被人辞退过18次,本来可能被这些厄运吓退,做不成我想做的事情,结果相反,我让它们把我变得越来越坚强,鞭策我勇往直前。"

不要太在乎别人眼中的自己,最重要的是自己看重自己,我们选择什么样的人生舞台,就会拥有什么样的人生。所以,想要获得更好的发展,首先应该为自己找到一个合适的人生舞台,能够让自己充分发挥自身价值。

一个人是杰出,还是平庸?看的并不是天赋、机遇跟能力,而是要看这个人有没有目标。成功的人之所以能够领先于其他人,是因为他们在起点就领先了一大步,他们从一开始就知道自己要往哪里走,并且会努力完成自己的目标。

大哲学家尼采说过:"受苦的人,没有悲观的权利。"已经在承受巨大的痛苦了,必须要想开些,悲伤和哭泣只能加重伤痛,所以不但不能悲观,而且要比别人更积极。红军二万五千里长征过雪山的时候,凡是在途中说"我撑不下去了,让我躺下来喘口气"的人,很快就会死亡,因为当他不再走、不再动时,体温就会迅速降低,跟着很快就会被冻死。可不是吗?在人生的战场上,如果失去

在绝望中寻找希望

了跌倒以后再爬起来、在困难面前咬紧牙关的勇气,就只能遭受彻底的失败。

著名的文学家海明威的代表作《老人与海》中有这么一句话:"英雄可以被毁灭,但是不能被击败。"英雄的肉体可以被毁灭,可是英雄的精神和斗志则永远在战斗。跌倒了,爬起来,你就不会失败,只是现在还没有成功。

09 告诉自己"我行"

缺乏自信常常是性格软弱和事业不成功的主要原因。

有一个美国外科医生,他以高超的面部整形手术闻名遐迩。他创造了很多奇迹,经整形把许多外表丑陋的人变成面部非常漂亮的人。渐渐地他发现,某些接受手术的人,虽然为他们做的整形手术很成功,但是仍然找他抱怨,说他们在手术后还是不够漂亮,说手术没什么成效,他们自感面貌依旧。

于是,医生悟出这样一个道理:美与丑,并不仅仅在于一个人的本来面貌如何,还在于他在心里是如何看待自己的。

一个人如果自惭形秽,那他就不会成为一个自信的人,同样,如果他总是觉得自己很笨,那他就成不了聪明人;他不觉得自己心地善良——即使在某些时候还做做好事,那他也成不了善良之人。

拥有积极的心态,你就能成为你希望成为的人,甚至能成为比你希望的更好的人。你是否拥有积极的心态呢？你相信自己会拥有吗？拥有积极心态是一种能力和自信的表现，如果对自己的能力有自信，珍惜和把握你身边良好的客观条件，真正的幸福不会和你擦肩而过。

心理学家做过这样一个试验：他从一个班的大学生中挑出一个最丑陋、最不讨人喜欢的姑娘，要求她的同学们改变已往对她的看法。在一个阳光明媚的日子里，大家都争先恐后地照顾这位姑娘，向她献殷勤，努力找出她身上值得赞赏的地方来表扬她，大家假戏真做，打心里认定她就是位漂亮聪慧的姑娘。结果出人意料！半年以后，这位姑娘出落得很好，连她的举止也大方得体跟以前判若两人。她快乐地对人们说：她获得了新生。确实，她并没有变成另一个人——然而在她的身上却展现出一种蕴藏的美，这种美只有在我们相信自己，周围的所有人都肯定我们、爱护我们的时候才会展现出来。

许多人认为，信心的有无是命中注定的、不变的。其实并非如此。童年时代受人喜爱的孩子，从小就感到自己是可爱的、善良的、聪明的，因此才会获得别人的喜爱。于是他就尽力使自己的作为名副其实，造就自己成为他自信的那样的人。而那些不得宠的孩子呢？人们总是训斥他们："你是个笨蛋、败家子、懒鬼，是个没用的东西！"于是他们就真的形成了这些恶劣的品质。因为人的品行基本上是取决于自信的，每个人的心目中都有想要成为什么样的人的标准，我们常常把自己的行为同这个标准进行对照，并据此

在绝望中寻找希望

去指导自己的行动。因此要使某个人变好,就应对他少加斥责,最好是帮他提高自信力,修正他心目中的做人标准。

如果想进行自我改造,提高某方面的修养,就应首先改变对自己的看法。不然,自我改造的全部努力都会落空。对于人的改造,只能影响其内心世界,外因都是通过内因才起作用的。这是人类心理的一条基本规律。对真善美的自信更为重要。人们总是本能地竭力保持这种自信改造成的形象。当然,我们也要接受别人的批评,但一定要接受那些善意的和那些出于对我们信任和爱护的人的批评。若是有人伤害我们的自尊,即以己之见对我们横加贬低、斥责,甚至谩骂我们是笨蛋、呆子时,我们便心生厌恶,愤然反击。这是我们的心理自发的捍卫着自己,捍卫着人最宝贵的品格——自信心。假如我们在乎的人削弱了我们的自信心,那我们就会真的感到失落,追求真善美的意志就会衰退。所以,自信的魅力就是:它能让我们成为自己想成为和能成为的人。

几乎每个人都有自己的梦想,但是很少有人会努力去实现。往往都要等到身体不好的时候才会产生执行的力量。可能,很多时候我们经历了很多很多的艰辛都没有实现自己的梦想,但是如果什么都不做,也不愿意为自己的梦想付出代价的话,梦想就永远都不会实现。

10 赶走"拖延"的妖魔

每个人在进入职场后,几乎都想努力做好每一件工作,逐步提高办事效率,早日做出业绩。可是,正在你持续不断地进步的过程中,偶尔有一天,一个妖魔忽然跳出来纠缠着你,使你慢慢停止了前进的脚步。如果你不把它从你身上赶走的话,你所做的努力将会付诸东流,你会情不自禁地退回到以前平庸的水平上,一生碌碌无为。这个妖魔的名字叫拖延。

拖延是一种极其有害于人们日常生活与事业的恶习,更是想做一番丰功伟业的人的大敌。鲁迅先生说过:耽误他人的时间等于图财害命,那自我拖延时间无异于慢性自杀。

职场中人,几乎都与拖延这个妖魔交过手,只不过是有人胜利了,办事效率越来越高,而有人却失败了,心甘情愿地做了拖延的奴隶,结果就像多米诺骨牌一样,一张牌倒下,引发身上高效做事

在绝望中寻找希望

的一些良好的习惯跟着轰然倒下，使自己永远与成功说"Bye - bye"。

造成拖延恶习的原因有很多，心理学家认为，造成拖延恶习的主要原因是缺乏安全感、害怕失败，或者无法面对一些有威胁性的、艰难的事，另外，潜意识也是导致拖延的因素。

下面是造成拖延的几种普遍原因：

1. 对事情感到困惑

有时候，你之所以拖延，是因为你对自己该做什么感到迷惑不定。你看到了事情的方方面面，却不知道该从何处下手，因此你就开始拖延，并希望工作变得越来越简单，这样你才好开始去做。你也知道，因为不断的错误和失败，使你实在很困惑，不知道该试着做些什么，甚至认为你即使做了，也会把事情搞得一团糟，这就使得你什么事也没做，停在那儿，一拖再拖。

2. 对事情感到畏惧

很多时候，你可能是害怕去做一件事，所以才拖延现在的工作，或者惧怕正在做的事，迟迟没有进展，结果使拖延在你身上扎下根来。

3. 对事情感到绝望

绝望是一种神经衰弱的症状，其特征表现为灰心沮丧，它可能使你对困扰你的事感到一筹莫展。这种状况通常会导致拖延，而且很不容易克服。当你感到绝望时，要你做个决定并不容易，你会感到完全无助。幸运的是，只有少数人的拖延来源于绝望，大多数人则是因为其他较不严重的原因而产生的。

4. 不愿承担责任

有时你之所以拖延,是因为你不愿承担更多的责任。你总是希望等到情况好转了,再踏出第一步,结果导致你一拖再拖。

5. 过于追求完美

你可能是一个过于追求完美的人,总想把自己的每件工作都达到最完美的程度,结果你很积极,完成的事却非常少,别人挑你的毛病,你却说:"我正在做啊。"可事实上,你不断地拖着,是因为害怕失败。

6. 依赖他人

依赖性很强的人做事也会拖延,因为你自己无法独立完成工作。因此总是把重要的工作往后拖,直至有人来帮助你为止。如果你每次都能得到别人的帮助,你就会养成一套依赖别人的模式,只要这种模式有效,你就会一直用它。

7. 对工作缺乏兴趣

对工作缺乏兴趣,是导致你拖延的一个最普遍的原因。当你对该做的事一点都不感兴趣时,你就会经常受心理疲惫之苦,你就会用这种主观疲惫状态,作为拖延的理由。

8. 身心疲惫

生理和心理疲惫都是导致拖延的主要原因,生理疲惫主要由于工作辛劳、工作时间过长或者紧张过度导致。当你身体疲倦时,即使你还是兴致勃勃地工作,但你已经力不从心,只能采取拖延的

在绝望中寻找希望

办法。心理疲惫主要来自无聊、不关心和没有兴趣,结果也是把工作拖下去。

你如果患上了拖延的恶习,就不要指望有一天它悄悄地自行消失,更不能轻视它,认为它对你构不成什么威胁,不会妨碍你的正常工作。你应该这样做:

1. 找出造成你拖延的原因

造成一个人拖延的原因有很多,你通过自我核查确定造成自己拖延的原因后,你要把它写在你能经常看到的地方,如办公室的台历上,时时提醒自己,直到改掉为止。

2. 在规定的时间内完成一件事

通过这件事,恢复你的自信,激起你工作的兴趣。

3. 学会先做最重要的事

这样就不会让那些不重要和不紧急的杂事缠着你了。你可知道,当你沉溺于做一些无关紧要的小事时,说明拖延已经附上了你的身体。

4. 行事要果决

犹豫不决,其实是另一种拖延。所以,确定一件事,就要立即去做,不要为自己寻找任何借口。

5. 肯定自我

当你做完一件事时,你要学着肯定自己,增强自信心。你可以对自己说:"你做得不错,再加把劲会更好。"甚至你可以简单奖励自己一次,比如吃顿好饭,看场电影,等等。

6.保持快乐

林肯说过:"你想让自己有多快乐,你就会有多快乐。"只要你去练习,就会做到这一点,但你一开始就要想些快乐的事情,因为快乐的心境会帮你阻止拖延乘虚而入。

拖延时间,看似人的一种本性,实质上是在工作和生活中养成的一种极其有害于工作和生活的恶习。几乎人人都希望在工作和生活中消除因拖延而产生的各种忧虑,但是,不少人却没有将自己的愿望付诸于行动,不知道自己所推迟的许多事情其实都是自己可以尽早完成的。作为一个职业人必须不给自己拖延的借口。

11　越挫越勇,终将实现逆转

作为企业员工,每个人都有自己的价值体系,而其中重要的是怎样看待成功与失败。成功有什么?失败又何干。他们都是外在的表现和评价,而内部核心在于自己。自己的态度、心情、观念、思想、身体是最重要、最公平的衡量标准。不要因成功而沾沾自喜、骄傲自满、固步自封、利欲熏心,也不要因失败而垂头丧气、自暴自弃、自甘堕落、裹足不前、一蹶不振,不论何时何地,保持积极达观的态度、轻松快乐的心情、开放现代的观念、深刻有力的思想、健康的身体,让各个方面达到一个较好的调谐状态,只有如此,这才能成为优秀员工。

在绝望中寻找希望

　　周强这位曾经从失业、打工再到后来的失业,以及成为企业领导,可以说经历了人生的酸甜苦辣,而后来他之所以能成为优秀的领导,正是屡战屡败、屡败屡战积极达观的精神在支持着他。周强1994年从哈工大工业电气化专业毕业,由于成绩出色,被厦门某单位聘用,谁知不久,这家单位就陷入了困难的境地,周强的见习期没有满就失业了。

　　周强此后至少换了三十多家单位,干推销、送货物、干起了各种短工,屡战屡败、屡败屡战,也许幸运的机会正是对这些永不放弃的人降临的。

　　那是在一家商场干临时工时,他到一家贸易公司安装空调,轻手轻脚、小心翼翼地拿起再放下,没有发出一点儿噪音,安装完毕后又把现场打扫得干干净净。巧的是,那间屋子是总经理的办公室,周强说,从他开始进入办公室到安装结束,总经理就不时地看他。他离开时,总经理忽然问他受没受过教育,周强如实回答,并说自己现在还没有长期工作。总经理眼睛一亮说,你会不会修空调?周强心中暗喜,回答说,原理一样,应该会修。那位经理说,我的朋友开了一家维修空调的公司,要不我介绍你到他们公司吧。周强惊喜万分。

　　由于是朋友介绍的,再加上周强技术好,维修空调公司的老板很器重他,他踏实勤快,客户都喜欢他,于是他的客户也越来越多,年终的时候,周强得了不菲的提成,以后更是如鱼得水,从原来一文不名的修理工到后来的主管再到后来的经理。

第四章 发掘潜能，探寻生命中最珍贵的宝藏

像周强这样的人值得敬佩：受到极大的打击与挫折，却不灰心，也不逃避，仍然尽其所能地去做他可以做的事；不因打击而倒下去，也不退后，甚至不停下来，继续努力，继续前进！

人生怎会没有失败呢？人不要害怕失败，但最要紧的是如何面对失败、对付失败！人生的成败，往往取决于此。

从前有一个将军在前线领兵打仗，总是打败战。在必须向上司呈交战绩报告书时，为了据实报告，写下一句"屡战屡败"，心想此报告书呈上后可能将受到严厉的惩罚，或是降职，或是丢官，或是更严重的处治！当他正为此烦恼时，一位聪明的军师看了他的报告后，对他说：让我来为你做点儿小小的修改就没事了。拿起笔来，重抄一遍，只是将"屡战屡败"改为"屡败屡战"，其余皆一字不改。结果如何呢？报告呈上后不久接到消息，上司不但没有处罚他，反而因为他的英勇过人而升了他的职！

事实上，打败仗的因素可能有很多，有些因素也许是我们无法左右的，就说目前的经济风暴，几乎每个人都受到了打击或挫败，但不同的只是轻重之别而已，而屡败屡战却能显示出一个人的勇气与坚强。可以说，一个人屡战屡败并不表示他就是一个失败者；而一个人能屡败屡战，表示他现在还并未失败，战斗还在进行中，因此，我们要始终坚信，只要斗志在，就不算是一个失败者。

人生的成功秘诀之一，就是如何面对失败。有些人将失败看作打击与亏损；而他的前一次失败就已经种下了下一次失败的种子，那才是真正的失败者。还有一些人，却把失败看作是一种人生

的收获;他们每一次的失败就增加了他们下一次成功的机会。屡败屡战,斗志便会一次比一次更强;愈战愈勇,最终胜利,最终成功。

对于现在的人来说,屡战屡败、屡败屡战这种精神都是必不可少的,如果要想成功,成为有所成就的人,屡败屡战的这种顽强不服输的精神是不可缺少的,正如曾国藩所说,屡败屡战,方能成功。

12 不断升级你的目标

不达目的誓不罢休的精神,应该是每个想成为企业优秀员工的人所必需具备的。因为,无论对于一个企业还是员工,要想干成任何事情,都要能够坚持下去,坚持下去才能取得成功。一个人做一点事并不难,但难的是能够持之以恒、不达目的誓不罢休的坚持。

如果一个推销员,在推销过程中失败,遭人拒绝和嘲笑时就畏惧、退缩甚至放弃,那成功怎么会找上门来呢?只有具有坚持不懈、绝不放弃的心态,才有成功的那一天。

吉米是美国的一家人寿保险公司的保险员,他花掉自己的65美元买了一辆脚踏车到处去拉保险业务,但不幸的是,成绩始终是一片空白。可是,吉米丝毫没有气馁,晚上即使再疲倦,他也要一一写信给被白天访问过的客户,感谢他们接受自己的访问,并尽力请访问过的客户能够加入到投保行列当中,他写的每一字每一句都诚恳感人,使人不忍拒绝。

可是,任凭他再怎样努力、再辛苦劳累,也没有发生什么效果。两个月很快便过去了,但吉米连一个顾客也没有拉到,他的上司也催他催得愈来愈紧……

劳累了一天的吉米回到家后,常常连饭也没心情去吃,虽然他的妻子很温顺体贴,但一想到明天的业务,吉米就犯愁。

夜晚,他在日记中写道:从前,我以为只要一个人认真、努力地去工作,就能做好任何事情。但是这一次,我真的错了,因为事实显然并不是这样的!我每天辛辛苦苦地到处跑,可结果呢?68天我却连一个客户也没有拉到。唉!看来我不合适干保险工作,不如换个地方找工作吧……

他的妻子劝他说:"再坚持一下,坚持下去就有盼头。"于是,他听从了妻子的劝告,继续干了下去。

吉米曾想说服一个小学的校长,让他的学生全部投保险。然而校长对此却丝毫不感兴趣,一次次把吉米拒于门外。当他在第69天再一次跑到校长那里的时候,校长终于为他的诚心所感动,同意全校学生都买他的保险。吉米终于成功了!不达目的誓不罢休、坚持不懈的精神,使他后来成了一名很有名气的保险推销员。

勇敢地面对困难,不达目的绝不罢休——史东就是这样的人,后来最终使他成为富翁,并被人们誉为"保险业怪才"。史东在幼年的时候,父亲就去世了,靠母亲替人家缝衣服维持生活,为补贴

在绝望中寻找希望

家用,他很小就出去卖报纸。有一次,他走进一家饭馆叫卖报纸,但很不幸,他被老板赶了出来。于是,他乘餐馆老板不备,又溜了进去卖报。气恼的餐馆老板一脚把他踢了出去,可是史东并没有因此而放弃,而只是揉了揉屁股,手里拿着更多的报纸,又一次溜进了餐馆。那些客人见他这种不达目的誓不罢休的勇气,劝主人不要再撵他了,并纷纷买他的报纸看。虽然他的屁股被踢痛了,但他的口袋里却装满了钱。

在他上中学时,他又开始试着去推销保险业务。他来到一栋大楼前,当年卖报纸时的情形又出现在他眼前,他一边发抖,一边安慰自己:"如果你做了,是不会有损失的,而可能有大的收获。那就放手去做,并且马上就做!"

于是,他走进了大楼,他想,如果被踢出来,就像当年卖报纸被踢出餐馆一样,再试着进去。但这次他没有被踢出来。他去了每间办公室。他的脑海里一直想着:"马上就做!"一次走出一间办公室,因为没有收获,他就担心到下一个办公室会碰到钉子。不过,他毫不迟疑地强迫自己走进下一个办公室。他找到一个秘诀,就是立刻冲进下一个办公室,就没有时间感到害怕而因此放弃了。

在那天,有两个人跟他买了保险。就推销数量而言,他是失败的,但他觉得他是成功的,因为通过这次推销他有了极大的收获。第二天,他共卖出了4份保险,而第三天,他共卖出了6份保险。就这样,史东开始了他的事业。

在他20岁的时候,便设立了自己的保险经纪社,在开业的第一天,他就在繁华的大街上销出了 54 份保险。而更让人不敢相信的是,有一天,他居然卖出了 122 份保险。如果以一天 8 小时来计算的话,史东每 4 分钟就成交了一份保险业务。到了 1938 年底,史东就已经成了一名拥有资产过百万的富翁。在谈到成功的秘诀时,他说,如果你能以坚定的、乐观的态度面对艰苦,有不达目的誓不罢休的勇气,你反而能从其中找到更多的好处。

从事空中服务已有两年的乘务员小李,虽然年纪轻轻却已经是海南公司全国青年文明号"含笑"乘务组最年轻的成员之一。她曾多次代表公司出席各种大型的宣传活动,还担任过国内外领导人的专机保障任务。只要和她接触的人无不被她的真诚和她面对困难不达目的誓不罢休的精神所感动。

出生于一个普通工人家庭的小李,虽然是家里的独生女,但在她身上却一点儿都看不到独生女的娇生惯养和傲慢自大,相反地,她做任何事都有一股不达目的誓不罢休的韧劲和勤奋精神。

其实,最初她的理想并不是当空姐,而是当一名记者。因为记者给她的感觉就是女强人、正义的化身,她觉得当记者可以用她的笔杆去帮助更多的人,为社会伸张正义,呼唤爱心。可是一次同学间偶然的聊天,让她深深喜欢上在广袤无边的蔚蓝天空自由飞翔的感觉,但是选拔空姐的条件和标准是相当严格和苛刻的,这些也使她的很多同学都望而却步,可小李却不是一个轻言放弃的人,只要她认准了目标,她会坚持到底,最后她凭借自己清新亮丽的外形,聪颖机智的反应能力,冲破了重重阻碍,义无反顾地当上了一

在绝望中寻找希望

名空中乘务员。当人们问到她对于自己最终的选择后不后悔时,她淡淡一笑:"不会呀!以前我总以为只有做记者才能帮助别人,为社会做一点事,可是,直到我接触到空姐这个行业,才深深明白其实任何一个职业,只要你全心地付出,真情地投入,你也可以帮助别人,在给别人带来快乐的同时自身的价值也得到了实现,一样地有意义。"

很多旅客在乘坐过她的航班后,对她热情周到的服务赞不绝口,旅客们觉得南航能有小李这样优秀的员工,将是南航的希望和福气。她也是乘务队中收到旅客点名表扬较多的乘务员,曾经在一个航班上她就收到了40多张表扬卡,她常说:"优质服务就是要对待旅客像家人一样,给他一个家的感觉,而家在每个人心中应该是快乐的,温暖的。旅客快乐了,我们也快乐,而我们快乐是为了给旅客带去快乐,这就说明我们与旅客之间是一种双赢的关系,追求旅客满意最大化就是我们的目标。"

其实,成功的取得,实质上就是不断战胜失败的过程。因为任何一项大小事业要想取得相当的成就,都会遇到困难,每人都难免要犯错误,遭受挫折和失败。例如,在工作上想搞改革,越革新矛盾越突出;学识上想有所创新,越深入难度越大;技术想有所突破,越攀登险阻越多。著名科学家法拉第说:"世人何尝知道,在那些科学研究工作者头脑里的思想和理论当中,有多少被他自己严格的批判、非难的考察而默默地隐蔽地扼杀了。就是最有成就的科学家,他们得以实现的建议、希望、愿望以及初步的结论,也达不到十分之一。"这就是说,世界上一些有突出贡献的科学家,他们成功与失败的比率是1：10。至于一般人与这个比率比当然要低得多。因此,在迈向成功的道路上,能不能经受住错误和失败的严峻考验,这是一个非常关键的问题。

拿破仑·希尔是美国成功学大师,他曾经说过这样一句话:"成功的秘诀就在于,拥有坚忍的意志,不惧怕失败。"北宋著名的文学大家苏轼也有一句名言流传千古:"古之立大事者,不惟有超世之才,亦必有坚韧不拔之志。"拥有了坚韧的性格,就等于拥有了克服一切困难的利器,拥有它的人,即使失败了,也会马上站起来,继续坚定地往前走。种种事实也告诉我们,世界上一切成就大事业的,都是那些别人都已放弃了而他还在坚持的人取得的。一个人,如果能够在困难与挫折面前始终如一,那么他的前程将是充满光明的!

13　虚心接受忠告

忠告是智慧的结晶,对待忠告,世人大多有两种态度,一种是结合自己的理智把他当作终生的座右铭;另外一种是当时听时觉得很有道理,但转过身就丢在了脑后,只有在得到教训之后,才能领悟其中的哲理。

古代,一位进京赶考的书呆子无意间捕获了一只会说人话的

在绝望中寻找希望

鸟,他异常惊奇。

"放了我,"这只鸟说,"我将给你三条忠告。"

书呆子以为能得到什么意外的好处,便说:"先告诉我,我发誓我会放了你。"

"第一条忠告是:做事后不要懊悔;第二条忠告是:如果有人告诉你一件事,你自己认为是不可能的就别相信;第三条忠告是:当你爬不上去时,别费力去爬。"

然后鸟又对书呆子说:"该放我走了吧。"

书呆子觉得什么也没得到,很失望地放了鸟。

这只鸟飞起后落在一棵大树上,并大声喊道:"你真愚蠢!你放了我,但你并不知道在我的嘴中有一颗价值连城的大珍珠。正是这颗珍珠使我变得这样聪明。"

书呆子一听,顿时来了精神,他想他如果拥有那颗珍珠就一定能考上状元。于是书呆子便急不可耐地开始爬树去抓鸟。

但是当爬到一半的时候,他掉了下来并摔断了双腿。

鸟嘲笑他并向他喊道:"笨蛋!我刚才告诉你的忠告你全忘记了。我告诉你一旦做了一件事情就别后悔,而你却后悔放了我;我告诉你如果有人对你讲了认为是不可能的事,就别相信,而你却相信像我这样一只小鸟的嘴中会有一颗很大的珍珠,我告诉你如果你爬不上去,就别强迫自己去爬,而你却追赶我并试图爬上这棵大树,结果掉下去摔断了双腿。"说完,鸟就飞走了。

忠告无需特地去验证,因为有时候去验证,是往往要付出代价的。良药苦口利于病,忠言逆耳利于行。只因无知和偏见,把善意的劝告当成耳边风,这会使得自己在不知不觉中落入危险的境地。

  每一个忠告都是带着经验和教训,如果你只是记住,而不去遵守,那么忠告对你而言只是丰富了词汇语言,而不具有任何警示和指导作用。如果你遇见了"南墙",那些"过来人"忠告你别去硬着头皮往上撞,可你偏要撞个头破血流才肯罢休,结果你只看见墙那边的"臭水沟",那么你该埋怨谁?你为了一件不值得的事情白白忙活了半天,浪费了大量的时间和精力,你又能怪谁!